T0224892

Ha Duong Ngo

Technologien der Mikrosysteme

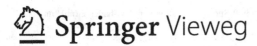
Springer Vieweg

Ha Duong Ngo
Hochschule für Technik und Wirtschaft
Berlin, Deutschland

ISBN 978-3-658-37497-6   ISBN 978-3-658-37498-3   (eBook)
https://doi.org/10.1007/978-3-658-37498-3

Die Deutsche Nationalbibliothek verzeichnet diese Publikation in der Deutschen Nationalbibliografie;
detaillierte bibliografische Daten sind im Internet über http://dnb.d-nb.de abrufbar.

Planung/Lektorat: Reinhard Dapper
Springer Vieweg ist ein Imprint der eingetragenen Gesellschaft Springer Fachmedien Wiesbaden GmbH und ist
ein Teil von Springer Nature.
Die Anschrift der Gesellschaft ist: Abraham-Lincoln-Str. 46, 65189 Wiesbaden, Germany

Dank

Dieses Skript entstand während meiner Zeit als Oberingenieur an der Technische Universität Berlin und als Professor für Mikrosystemtechnologien an der Hochschule für Technik und Wirtschaft Berlin. Es ist mit Unterstützung von vielen Menschen zustande gekommen, insbesondere von meinem Doktorvater Herrn Professor Ernst Obermeier (TU Berlin). Mein Dank gebührt nach so vielen Jahren immer noch ihm, der mich in die Welt der Mikrosystemtechnologie eingeführt hat. Ich bedanke mich von ganzem Herzen bei ihm für seine intensive Unterstützung, für seine wertvollen Anregungen, nicht nur zu den einzelnen Kapiteln. Herr Prof. Dr. Obermeier hat mir sein umfangreiches Wissen in diesem Fachbereich zur Verfügung gestellt und ermöglichte mir die Mitwirkung bei Lehre und Forschung. Die Zeit bei ihm war besonders wertvoll und lehrreich für mich. Mein besonderer Dank gilt auch seiner Frau Getrud Obermeier und seinen Söhnen Ulf und Christian Obermeier.

Herrn Prof. Hans-Rolf Tränkler möchte ich für vorhandene Hilfsbereitschaft und für die Bereitstellung der Materialien danken.

Des Weiteren bedanke mich bei allen Mitarbeiter:innen der MAT (Microsensors and Actuators Technologies Centers an der TU Berlin) für die zuverlässige Zusammenarbeit und das nette Arbeitsklima.

Das Skript wurde für die Studenten der Fachrichtung Mikrotechnologien an der Hochschule für Technik und Wirtschaft Berlin weiterentwickelt. Für zahlreiche Feedback, konstruktive Kritik, verlässliche und überaus freundliche Mitarbeit, die vielen sichtbaren sowie oft nicht sichtbaren Hilfen schulde ich meinen Kollegen und Kolleginnen am Studiengang Mikrosystemtechnik der Hochschule für Technik und Wirtschaft Berlin meinen Dank.

Für die hervorragende Betreuung des Manuskripts und die stets angenehme Zusammenarbeit danke ich Herrn Ramkumar Padmanaban, Herrn Kent Muller und Herrn Reinhard Dapper, Programmleiter Applied Sciences vom Springer Nature Verlag, und dem Springer Verlag, der mein Buch hier veröffentlicht hat.

Ich hätte das alles ohne meine Familie – meine Frau Thuy Huong und meine Kinder Minh Dang und Tam Dan – nicht bewältigen können. Euch ist dieses Buch in Liebe und Dankbarkeit gewidmet.

Berlin   Ha Duong Ngo
Dezember 2022

Inhaltsverzeichnis

Definition eines Mikrosystems

Ein kennzeichnendes Merkmal eines Mikrosystems ist, dass für seine Herstellung Mikrofertigungstechnologien zum Einsatz kommen.

Die Komponenten bzw. Subsysteme eines Mikrosystems können verschiedener Natur sein (Abb. 1.1). Es müssen aber nicht alle aufgeführten Komponenten vorhanden sein, um ein Mikrosystem darzustellen. Eine unabdingbare Voraussetzung, bezüglich der auch international Übereinstimmung besteht, ist das Vorhandensein eines mikroelektronischen Subsystems und mindestens *einer* weiteren Systemkomponente. Natürlich sind auch entsprechende interne und externe Schnittstellen notwendig. Mikrosysteme stellen eine bestimmte Systemklasse dar, sie unterscheiden sich aber nicht in ihrer prinzipiellen Struktur von vielen anderen technischen Systemen.

Der in Europa häufig verwendete Begriff Mikrosystem umfasst auch die etwas mehr anwendungsbezogenen Bezeichnungen **M**icro **E**lectro **M**echanical **S**ystems (**MEMS**), **M**icro **O**ptical **E**lectro **M**echanical **S**ystems (**MOEMS**), **R**adio **F**requency **MEMS** (**RF-MEMS**), **BioMEMS**, **M**icro **T**otal **A**nalysis **S**ystems (**µTAS**) oder **AeroMEMS**. Diese sind somit als Untermengen der Mikrosystemtechnik zu verstehen.

1.1 Systemstrukturen und Anwendungen von Mikrosystemen

Gliedert man Mikrosysteme nach ihrer Systemstruktur, so erhält man ein Bild wie in Abb. 1.2 dargestellt.

Entsprechend vielseitig sind die Anwendungen von Mikrosystemen (Abb. 1.3).

In Abb. 1.4 sind verschiedene Mikrosysteme der Firma Bosch zu sehen, die in der Automobiltechnik eingesetzt werden.

© Der/die Autor(en), exklusiv lizenziert an Springer Fachmedien Wiesbaden GmbH, ein Teil von Springer Nature 2022
H. D. Ngo, *Technologien der Mikrosysteme,* https://doi.org/10.1007/978-3-658-37498-3_1

Abb. 1.1 Komponenten eines
Mikrosystems

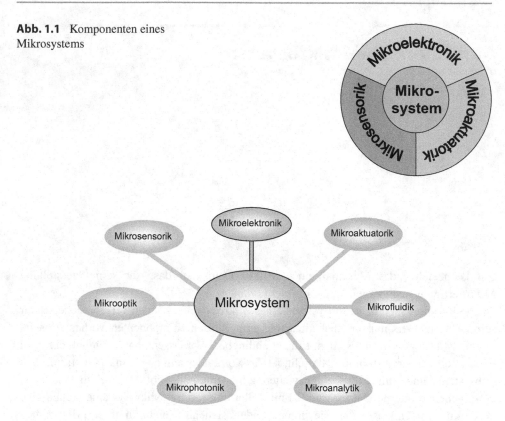

Abb. 1.2 Mögliche Systemstrukturen heutiger Mikrosysteme

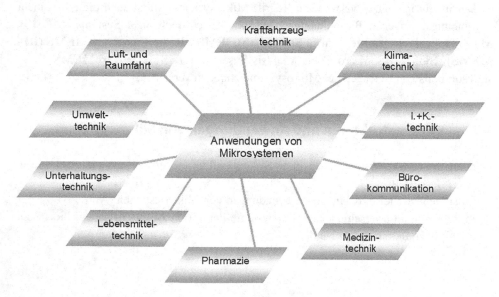

Abb. 1.3 Beispiele für die Anwendung von Mikrosystemen (ohne Anspruch auf Vollständigkeit)

Abb. 1.4 Beispiele für Mikrosysteme (Anwendung im Airbag [Beschleunigung] und Motor-management [Druck]). Produkte der Firma BOSCH

1.2 Technologien der Mikrosystemtechnik

Die Mikrosystemtechnik bedient sich, entsprechend ihrer breiten Anwendung, einer Viel-zahl von Mikrofertigungsmethoden. Die größte Bedeutung kommt in diesem Zusammen-hang den Verfahren der Mikroelektronik zu, wie sie für die Herstellung von integrierten Schaltkreisen (**IC** → **I**ntegrated **C**ircuits) seit Jahrzehnten eingesetzt werden. Zusätzlich existiert eine Anzahl von Sonderprozessen, die speziell für die Mikrosystemtechnik ent-wickelt wurden. Die aus heutiger Sicht bedeutendsten Mikrofertigungstechnologien in der Mikrosystemtechnik sind:

- Silizium-Planartechnologie
- Silizium-Mikromechanik (Bulk Micromachining)
- Oberflächen-Mikromechanik (Surface Micromachining)
- Chemical Mechanical Planarization (CMP)
- Wafer Bonding
- SOI-Technologie
- Chipmontage und Kontaktierverfahren
- Nicht-Silizium HARMS
- Dickschichttechnik
- Dünnfilmtechnik
- Monolithische Integrationstechnologien (Bipolar, CMOS)

Diese Verfahren werden in den späteren Kapiteln vorgestellt und im Detail diskutiert.

Wichtige Halbleiter in der Mikrosystemtechnik

2

2.1 Allgemeines

Halbleiter sind Festkörper, deren elektrische Leitfähigkeit durch Elektronen und/ oder Defektelektronen zustande kommt und deren spezifischer elektrischer Widerstand bei Zimmertemperatur zwischen dem der Metalle und dem der Dielektrika liegt (10^{-4}–10^{12} Ωm), wobei diese Leitfähigkeit in starkem Maß von der Art und Menge der Verunreinigungen bzw. Dotierung, von der Kristallstruktur und von den äußeren Bedingungen (z. B. Temperatur) abhängt [1–3].

Es gibt eine Vielzahl verschiedenartiger Stoffe, die zu den Halbleitern gezählt werden. Sie werden in Element- und Verbindungshalbleiter unterschieden (Tab. 2.1 und 2.2).

Die Elementhalbleiter umfassen zwölf Elemente des Periodischen Systems, zu denen u. a. Germanium und Silizium gehören [1].

Silizium ist nicht nur heute, sondern es wird auch in den nächsten Jahrzehnten das bestimmende Material für die Herstellung von Mikrosystemkomponenten bzw. kompletten Mikrosystemen (**SOC** → **S**ystem **O**n **C**hip) auf Halbleiterbasis sein. Das liegt daran, dass es bisher keinen anderen Halbleiter gibt, der ähnliche physikalische, mechanische und chemische Eigenschaften besitzt und dessen Technologie ebenso weit fortgeschritten ist.

Verbindungshalbleiter kommen im Vergleich zu Silizium in erster Linie für Sonderanwendungen zum Einsatz, wo nur mit ihnen bestimmte physikalische Effekte und darauf beruhende Bauelemente realisiert werden können oder wo ihre Verwendung entscheidend bessere Eigenschaften ermöglicht. Hierzu zählen vor allem photoelektrische Sensoren für jene Wellenlängen, bei denen Silizium nicht empfindlich ist. Es stehen sowohl schmalbandige Verbindungshalbleiter (z. B. InSb, PbS, PSe, PbTe, CdHgTe, PbSnTe), deren Bandabstand zwischen 0 eV und dem etwa Zehnfachen des Zimmertemperaturwerts von kT ($\approx$ 26 meV) liegt, als auch solche mit größerer Energielücke (z. B. SiC, GaN, CdS, CdSe, CdTe) zur Verfügung [1].

© Der/die Autor(en), exklusiv lizenziert an Springer Fachmedien Wiesbaden GmbH, ein Teil von Springer Nature 2022
H. D. Ngo, *Technologien der Mikrosysteme*, https://doi.org/10.1007/978-3-658-37498-3_2

Tab. 2.1 Eigenschaften wichtiger Element- und Verbindungshalbleiter [1]

	Kristallstruktur	Gitterkonstante [nm]	Bandabstand und Typ [eV] bei 300 K	
Elementhalbleiter				
Si	D	0,5431	1,12	Indirekt
Ge	D	0,5646	0,66	Indirekt
III-V Verbindungshalbleiter				
GaAs	S	0,5653	1,42	Direkt
GaP	S	0,5451	2,26	Indirekt
GaN	W	a = 0,3189; c = 0,5185	3,44	Direkt
GaSb	S	0,6096	0,72	Direkt
InAs	S	0,6058	0,36	Direkt
InP	S	0,5869	1,35	Direkt
InSb	S	0,6479	0,17	Direkt
II-VI Verbindungshalbleiter				
CdS	S	0,5832	2,42	Direkt
CdS	W	a = 0,416; c = 0,6756	2,42	Direkt
CdSe	S	0,605	1,7	Direkt
CdTe	S	0,6482	1,56	Direkt
ZnTe	S	0,6089	2,2	Direkt
IV-VI Verbindungshalbleiter				
PbS	N	0,594	0,41	Direkt
PbSe	N	0,612	0,27	Direkt
PbTe	N	0,646	0,31	Direkt
4 H-SiC	W	a = 0,3073 c = 1,0053	3,26	Indirekt
6 H-SiC	W	a = 0,3086 c = 1,51173	3,03	Indirekt

D: Diamant (kubisch), S: Zinkblende (kubisch)
W: Wurtzit (hexagonal), N: Steinsalz (kubisch)

Einige Verbindungshalbleiter (InSb, InAs, GaAs) besitzen eine sehr hohe Elektronen-beweglichkeit, was für die Realisierung von Magnetfeldsensoren entscheidend ist. Daneben werden auch metalloxidische Halbleiter für die Herstellung von piezo-elektrischen Sensoren (z. B. ZnO, AlN, $PbZrTiO_3$) und Gassensoren (z. B. SnO_2, NiO, MoO_3, In_2O_3, WO_3, TiO_2, Ga_2O_3) verwendet.

Der Einsatz der meisten Verbindungshalbleiter in der Mikrosystemtechnik ist nicht nur wegen ihrer Eigenschaften, sondern auch wegen ihrer begrenzten Verfügbarkeit, den Kosten und ihrer aufwendigeren Technologie auf spezielle Anwendungen begrenzt. Eine

Tab. 2.2 Wichtige Eigenschaften von Si, GaAs, 4 H-SiC und 6 H-SiC im Vergleich mit Al (rein) und Stahl (unlegiert), T = 300 K. Daten aus [1], [5–6], [7–9]

Eigenschaft	Si	GaAs	4 H-SiC	6 H-SiC	Al (rein)	Stahl (unlegiert)	Einheiten
Bandabstand	1,1	1,42	3,26	3,03			[eV]
Gitterstruktur	Diamant	Zinkblende	Wurtzit	Wurtzit			---
Durchbruchfeldstärke	0,6	0,6	∥c:3,0	∥c:3,2 ⊥c:>1			[MV/cm]
Eigenleitungsträgerdicte	10^{10}	$1,8 \cdot 10^6$	$\sim 10^{-7}$	$\sim 10^{-5}$			[cm^{-3}]
Elektronenbeweglichkeit *	1200	6500	∥c:800 ⊥c:800	∥c:60 ⊥c:400			[cm^2/Vs]
Löcherbeweglichkeit *	420	320	115	90			[cm2/Vs]
Sättigungsgeschwindigkeit	1,0	1,20	2	2			10^7cm/s
Dielektrizitätskonstante	11,9	13,1	9,7	9,7			---
Dichte	2,329	5,315	3,2	3,2	2,71	7,9	[g/cm^3]
Ausdehnungskoeffizient	$2,6 \cdot 10^{-6}$	$6,6 \cdot 10^{-6}$	3–5	3–5	$23,2 \cdot 10^{-6}$	$12 \cdot 10^{-6}$	[K^{-1}]
Wärmeleitfähigkeit	1,57	0,5	3–5	3–5	2,37	0,97	[W/cmK]
Schmelzpunkt	1417	1238	>2300 °C sublimiert	>2300 °C sublimiert	660	1530	[°C]
E-Modul	130–180 (richtungsabhängig)				72	211	[GPa]
Max. Wafer Ø	450	200	150	100	–	–	[mm]

*) Elektronen – und Löcherbeweglichkeit variieren mit der Dotierungsdichte

Ausnahme bilden GaAs, GaN und SiC, deren Technologien durch ihren breiten Einsatz in der Optoelektronik (GaAs, GaN, SiC), Telekommunikation (GaAs) und für Leistungsbauelemente (SiC) von allen Verbindungshalbleitern am weitesten fortgeschritten sind (GaAs mehr als SiC und GaN).

2.2   Kristallstruktur von Si, GaAs und SiC

Silizium, Galliumarsenid, Galliumnitrid und Siliziumkarbid sind aus heutiger Sicht die bedeutendsten Halbleiter der Mikrosystemtechnik. Um ihre herausragenden elektronischen Eigenschaften nutzen zu können, werden sie in einkristalliner Form verwendet.

Ein Einkristall stellt eine unendliche, periodische Anordnung identischer Struktureinheiten im dreidimensionalen Raum dar. Die den Einkristall bildenden Atome oder Atomgruppen besetzen periodisch längs einer Koordinatenachse die sogenannten Gitterpunkte.

Die regelmäßige Anordnung der Gitterbausteine in einem Einkristall lässt sich mathematisch durch ein räumliches Gitter gleichwertiger Punkte darstellen. Das Gitter kann ausgehend von einem Gitterpunkt durch Translation in den drei Raumrichtungen aufgebaut werden. Für die Lage eines beliebigen (äquivalenten) Gitterpunkts gilt dann:

$$\vec{T} = n_1\vec{a} + n_2\vec{b} + n_3\vec{c} \qquad (n_1, n_2, n_3 \text{ ganzzahlig})$$

Die Beträge der Gittervektoren $\vec{a}, \vec{b}, \vec{c}$ werden als Gitterkonstanten (Gitterperioden, Gitterabstände) bezeichnet (Abb. 2.1a).

Im Gegensatz zu den Einkristallen bestehen polykristalline Materialien aus vielen kleinen Kristalliten, deren Größe und Orientierung (meist) regellos variieren (Abb. 2.1b).

a   b

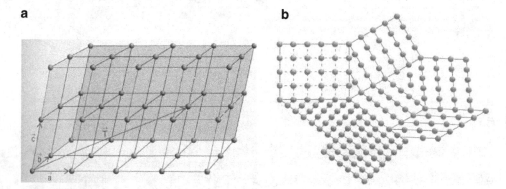

Abb. 2.1 Struktur von einkristallinen und polykristallinen Festkörpern. **a** Einkristalle [4], Gitterbausteine sind dreidimensional periodisch angeordnet (Fern-ordnung); **b** polykristalline Festkörper [2] bestehen aus einer Vielzahl von Kristalliten, Größe und Orientierung der Kristallite variieren; periodische Anordnung der Gitterbausteine nur in den Kristalliten

2.2.1   Gitterstruktur von Si, GaAs und SiC

Silizium (Gruppe IV) kristallisiert in der Diamantstruktur [1, 5]. Das Gitter ist kubisch-flächenzentriert und wird durch zwei kubisch-flächenzentrierte Elementarzellen gebildet, die um eine viertel Raumdiagonale $w\left(\frac{1}{4}, \frac{1}{4}, \frac{1}{4}\right)^1$ ineinander verschoben sind (Abb. 2.2). Jedes Atom bildet mit seinem nächsten Nachbarn Tetraeder aus. Die Gitterkonstante beträgt bei Raumtemperatur 0,542 nm. Durch eine unendliche, dreidimensionale, periodische Anordnung dieser Struktur (Einheitszelle) entsteht das Raumgitter, der Einkristall.

Galliumarsenid kristallisiert kubisch in der Zinkblende-Struktur (kubisches ZnS; [7]), d. h. es besteht aus zwei ineinander gestellten, um eine viertel Raumdiagonale verschobenen kubisch-flächenzentrierten Elementarzellen, je mit Gallium- (Gruppe III) bzw. Arsenatomen (Gruppe V) besetzt (Abb. 2.3). Bei Raumtemperatur beträgt die Gitterkonstante 0,565 nm.

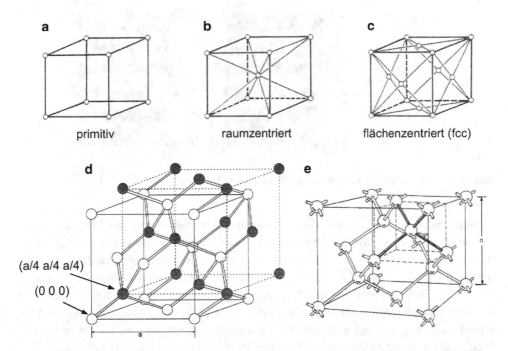

Abb. 2.2 Gitterstruktur von Silizium (Diamantstruktur). **a, b, c** kubisches Kristallsystem; **d** zwei kubisch-flächenzentrierte Gitter sind um (a/4 a/4 a/4) versetzt ineinander gestellt [5]; **e** jedes Atom hat vier tetraederförmig angeordnete Bindungen zum nächsten Nachbarn

---

[1] Normiert auf a.

Abb. 2.3 Gitterstruktur von
GaAs (Zinkblendestruktur; [7])

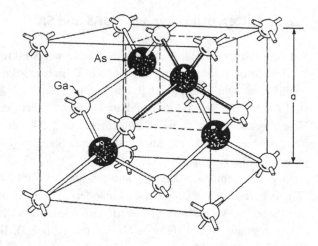

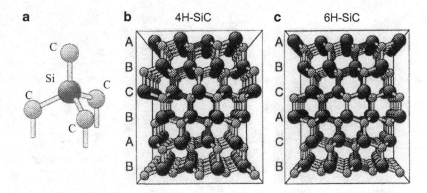

Abb. 2.4   **a** Atomstruktur von SiC; Kristallstruktur von **b** 4H-SiC und **c** 6H-SiC [9]

Siliziumkarbid (SiC) ist ein IV-VI Verbindungshalbleiter [8, 9]. Im Volumen liegen Si und C im stöchiometrischen Verhältnis vor. Jedes Si-Atom ist dabei tetraedrisch von je 4 C-Atomen umgeben, wobei das Si-Atom nicht im Zentrum des Tetraeders liegt, sondern um etwa ein Viertel zur Basisfläche verschoben ist (Abb. 2.4a). Auf diese Weise bilden die Si- und C-Atome alternierende Doppellagen. Eine Besonderheit von SiC ist, dass sich je nach Stapelfolge der einzelnen Tetraeder unterschiedliche Kristallstrukturen (Polytypen) ausbilden. Es sind mehr als 170 verschiedene Polytypen von SiC bekannt. Die bedeutendsten sind die hexagonalen Polytypen 4H-SiC (Abb. 2.4b) und 6H-SiC (Abb. 2.4c).

2.2.2 Vergleich der Eigenschaften von Si, GaAs, 4H-SiC und 6H-SiC mit Al und Stahl

Siehe Tab. 2.2.

2.3 Millersche Indizes

2.3.1 Ebenen

Jede Kristallebene ist durch drei beliebige Punkte in der Ebene definiert, vorausgesetzt, dass die Punkte nicht kolinear sind. Wählt man die Punkte auf den Kristallachsen, dann kann die betreffende Ebene durch die Punktkoordinaten in Einheiten der Gitterabstände angegeben werden. Nützlicher ist jedoch die Kennzeichnung der Ebene durch Millersche Indizes (Abb. 2.5), die folgendermaßen ermittelt werden:

1. Ermittlung der Schnittpunkte der Ebene mit den Achsen x, y, z und Darstellung der Achsenabschnitte in Einheiten der Gitterkonstanten.
2. Bildung der reziproken Werte dieser Zahlen und Multiplikation mit dem kleinsten gemeinsamen Nenner. Das Produkt aus reziprokem Achsenabschnitt und dieser Zahl ergibt die Millerschen Indizes (h k l).

In Abb. 2.6 sind die wichtigsten Kristallebenen eines Si-Kristalls mit den zugehörigen Millerschen Indizes dargestellt.

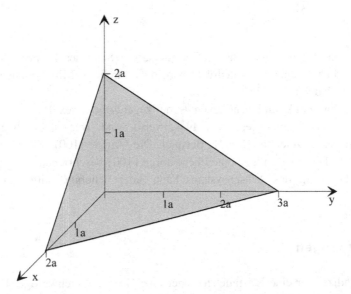

Abb. 2.5 Die dargestellte Ebene schneidet die Achsen x, y, z in 2a, 3a, 2a. Nach Normierung auf a folgt für die reziproken Werte dieser Zahlen 1/2, 1/3, 1/2. Der kleinste gemeinsame Nenner ist 6, damit sind die Millerschen Indizes dieser Ebene (3 2 3)

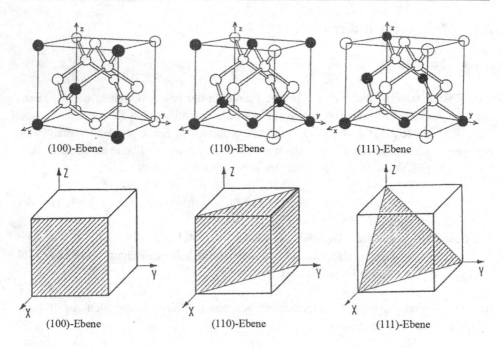

Abb. 2.6 Die wichtigsten Kristallebenen im Silizium-Einkristall

Anmerkungen:

a) Schneidet eine Ebene eine Achse auf der negativen Seite des Ursprungs, so ist der zugehörige Index negativ. Ausgedrückt wird dies durch ein Minuszeichen über dem betreffenden Index (z. B. $(\overline{1}10)$).

b) Liegt der Schnittpunkt im Unendlichen, ist der zugehörige Index 0.

c) Ebenen, die aus Symmetriegründen gleichwertig sind, werden durch geschweifte Klammern gekennzeichnet $\{h\,k\,l\}$. Beispiel: Die Gruppe (100), (010), (001), $(\overline{1}00)$, $(0\overline{1}0)$ und $(00\overline{1})$ wird als allgemeine Ebene durch $\{100\}$ beschrieben.

d) Für den Ursprung des Achsensystems kann jeder beliebige Gitterpunkt gewählt werden.

2.3.2 Richtungen

Neben den Indizes für eine Kristallebene oder eine Gruppe gleichwertiger Ebenen gibt es noch die Indizes für eine Richtung im Kristall. Es sind dies die drei kleinsten ganzen Zahlen, die das gleiche Verhältnis wie die axialen Komponenten eines Vektors in die betreffende Richtung haben. Im kubischen Kristall steht die Richtung $[h\,k\,l]$ immer senkrecht (Flächennormale) auf der Ebene $(h\,k\,l)$ mit denselben Indizes (Abb. 2.7).

Abb. 2.7 Die [100]-, [110]-
und [111]-Richtungen im
Si-Einkristall

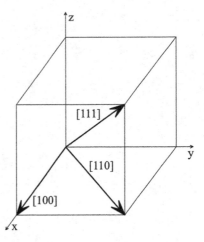

Gleichwertige Richtungen, auch als allgemeine Richtungen bezeichnet, werden in spitze Klammern gesetzt, also <h k l>.

Der Winkel α zwischen zwei verschiedenen Kristallebenen, z. B. (h k l) und (h' k' l'), ist gegeben durch:

$$\cos a = \frac{hh' + kk' + ll'}{\sqrt{\left(h^2 + k^2 + l^2\right)\left(h'^2 + k'^2 + l'^2\right)}}$$

Beispiel: Winkel zwischen der (001)- und (111)-Ebene

$$\cos \alpha = \frac{1}{\sqrt{(1)(3)}} = 0,5773$$

$$\alpha = 54,74°$$

Der Abstand spezieller Gitterebenen (z. B. von zwei (111)-Ebenen) kann anhand der Beziehung

$$d_{hkl} = \frac{a}{\sqrt{\left(h^2 + k^2 + l^2\right)}}$$

berechnet werden.

Herstellung von einkristallinem Silizium, Galliumarsenid und Siliziumkarbid

3.1 Silizium

Die technische Gewinnung von einkristallinem Silizium für mikroelektronische Bauelemente und Mikrosystemkomponenten verläuft nach folgenden Schritten (Abb. 3.1; [5–6, 22]):

Aus hochreinem Quarzkies wird zunächst in Elektroschmelzöfen unter Zusatz von Kohlenstoff (Kohle oder Koks) Rohsilizium (MGS → metallurgical grade silicon) gemäß

$$SiO_{2(s)} + 2C_{(s)} \xrightarrow{2000\,°C} Si_{(l)} + 2CO_{(g)}$$

gewonnen (Energiebedarf 14 kWh/kg).

Das entstehende Rohsilizium ist noch stark verunreinigt (etwa 97–99 % Reinheit).

Im Anschluss daran wird MGS fein gemahlen und mit Chlorwasserstoff (HCl) in Trichlorsilane ($SiHCl_3$) umgesetzt (Siemens-Verfahren)

$$Si(MGS)_{(s)} + 3HCl_{(g)} \xrightarrow{300\,°C-380\,°C} SiHCl_{3(l)} + H_{2(g)} + W$$

und durch großtechnische Destillationsanlagen gereinigt (Abb. 3.2). Dabei verschwinden die Verunreinigungen (hauptsächlich Bor- und Phosphorverbindungen; weniger als 1 ppm Restverunreinigungen).

Trichlorsilan ist eine Flüssigkeit mit einem Siedepunkt von 32 °C.

Aus der hochreinen Flüssigkeit $SiHCl_3$ wird in einem weiteren Schritt in chemische Gasphasenabscheidung (CVP) unter Zugabe von Wasserstoff EGS (electronic-grade silicon) hergestellt:

$$2SiHCl_{3(g)} + 2H_{2(g)} \xrightarrow{ca.\ 1100\,°C} 2Si(EGS)_{(s)} + 6HCl_{(g)}$$

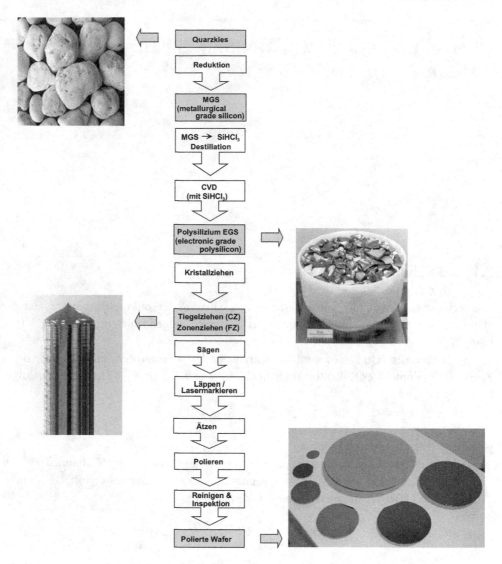

Abb. 3.1 Prozessfolge bei der Herstellung von einkristallinem Silizium (einzelne Bilder stammen von Wacker Siltronic, Burghausen)

Diese Reaktion wird in einem Reaktor wie in Abb. 3.3 skizziert durchgeführt. U-förmige Reinstsiliziumstäbe („slim rods" oder Seelen), beheizt durch direkten Stromdurchgang auf etwa 1100 °C, dienen als Nukleationsflächen für die Abscheidung des hochreinen polykristallinen Siliziums (Länge einige Meter, Durchmesser bis über 30 cm). Dabei entsteht aus dem Trichlorsilan und dem Wasserstoff Silizium und Chlorwasserstoff. Das so gewonnene Material hat eine Reinheit von mehr als 99,99999 %.

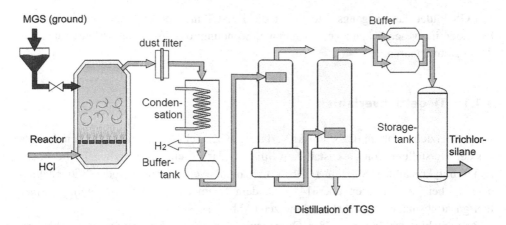

Abb. 3.2 Herstellung von Trichlorsilan aus pulverisiertem Rohsilizium („metallurgical grade silicon") und Chlorwasserstoff (HCl)

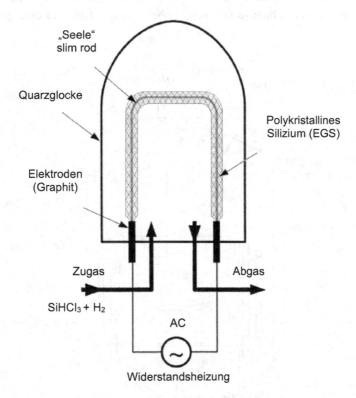

Abb. 3.3 Schema eines Chemische-Gasphasenabscheidung(CVD)-Reaktors zur Herstellung von „electronic-grade" Silizium (EGS; Wacker Siltronic)

EGS bildet das Ausgangsmaterial für die Herstellung von einkristallinem Silizium. Es finden im wesentlichen zwei Verfahren Anwendung: das Tiegelziehverfahren und das Zonenziehverfahren.

3.1.1 Tiegelziehverfahren

Das Tiegelziehverfahren (Czochralski-Verfahren, CZ) stellt den vorherrschenden Prozess bei der Herstellung von einkristallinem Silizium dar. In einem Quarztiegel wird hochreines polykristallines Silizium (EGS) durch induktive Erwärmung oder Widerstandsheizung bei Temperaturen über 1410 °C, dem Schmelzpunkt von Silizium, in einer Inertgasatmosphäre (meist Ar) geschmolzen (Abb. 3.4).

Aus Stabilitätsgründen ist der Quarztiegel von einem Graphittiegel umschlossen (Quarzglas erweicht bei den erforderlichen hohen Temperaturen). Zum Ziehen des Einkristalls wird ein Keimkristall (Impfling) aus einkristallinem Silizium der gewünschten Orientierung mit der Schmelze in Kontakt gebracht. Der Keimkristall wird unter langsamer Rotation aus der Schmelze gezogen, wobei sich der Tiegel in entgegengesetzter

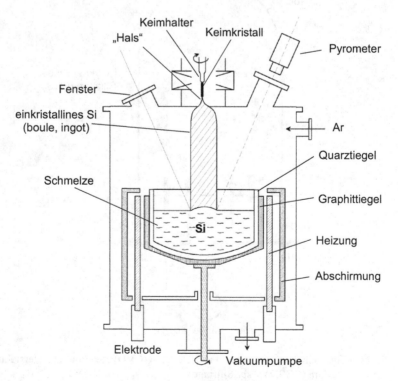

Abb. 3.4 Schematische Darstellung einer Tiegelziehanlage zur Herstellung von einkristallinem Silizium nach dem Czochralski-Verfahren

Richtung dreht, sodass ein Kristall mit konstantem Durchmesser entsteht. Die anfängliche Ziehgeschwindigkeit ist relativ hoch, um einen dünnen „Hals" zu formen. Dadurch wird erreicht, dass die beim Einbringen des Keimkristalls durch hohe thermische Spannungen entstandenen Versetzungen zur Kristalloberfläche wandern, wo sie verschwinden. Nach der Wiederverdickung wächst der Kristall frei von makroskopischen Versetzungen auf. So entsteht ein stabförmiger Einkristall, dessen Durchmesser wesentlich durch die Ziehgeschwindigkeit (1 bis 2 mm/min) bestimmt wird. Um weitgehend fehlerfreie Kristalle zu erhalten, muss die Temperatur in der Wachstumszone möglichst konstant sein. Deshalb lässt man den Stab während des Ziehvorgangs um seine Längsachse rotieren (0,3–0,6 1/s). Vielfach rotiert auch der Tiegel in entgegengesetzter Richtung.

Vorteile
- Große Durchmesser (bis > 30 cm) möglich
- Kostengünstig

Nachteile
- Keine hochohmigen Kristalle ($\rho_{max} \approx 100 \ \Omega$cm) wegen Verunreinigungen (C, O) durch Quarz- und Graphittiegel
- Ungleichmäßige Dotierung entlang des Stabs

Die Dotierung der Kristalle erfolgt bei diesem Verfahren durch Einbringen von kleinen Mengen hochdotierten Siliziums. Als Dotierstoffe werden Bor, Phosphor, Arsen und Antimon verwendet. Antimon- und arsendotiertes Silizium wird nur nach dem CZ-Verfahren hergestellt.

Infolge der unterschiedlichen Löslichkeit von Fremdatomen in der Si-Schmelze und dem erstarrten Silizium ist die Dotierungskonzentration C_S im Einkristall verschieden von der Konzentration C_l in der Schmelze. Der Quotient aus C_S und C_l wird als Segregationskoeffizient k_0 bezeichnet:

$$k_0 = \frac{C_s}{C_l}$$

Die Werte für k_0 sind für einige typische Dotierstoffe in Silizium in Tab. 3.1 aufgeführt.

Für die axiale Dotierungsverteilung C_S im erstarrten Kristall gilt:

$$C_s = k_0 C_0 (1 - X)^{k_0 - 1}$$

C_O: Anfangskonzentration in der Schmelze
C_S: Konzentration im Einkristall
X: Verhältnis aus Masse des erstarrten Siliziums zur anfänglichen Masse des geschmolzenen Siliziums

Tab. 3.1 Werte für k_0 in Si

Dotierstoff	Al	As	B	C	Cu	Fe	O	P	Sb
k_0	0,002	0,3	0,8	0,07	$4 \cdot 10^{-6}$	$8 \cdot 10^{-6}$	0,25	0,35	0,023

Die Abb. 3.5 zeigt die axiale Verteilung für verschiedene Werte von k_0. Aufgrund der unterschiedlichen Löslichkeit der Dotierstoffe kommt es für $k_0 < 1$ in der festen Phase zu einer Anreicherung bzw. für $k_0 > 1$ einer Verarmung des Dotierstoffs und damit zu einer Variation des spezifischen elektrischen Widerstands längs des Einkristalls. Durch die Reaktion der Siliziumschmelze mit dem Quarztiegel enthalten tiegelgezogene Kristalle Sauerstoff ($> 10^{18}/cm^3$); zudem ist Kohlenstoff mit einer Konzentration von etwa $10^{16}/cm^3$ zu finden, der aus den graphithaltigen Anlagenteilen (z. B. Tiegel) stammt. Tiegelgezogenes Material ist heute bis zu Durchmessern von 300 mm verfügbar.

3.1.2   Tiegelfreies Zonenziehen (FZ-Verfahren)

Das FZ-Verfahren (FZ → Float Zone oder Floating Zone) ist nach dem Tiegelziehver-fahren das zweitwichtigste Verfahren zur Herstellung von einkristallinem Silizium. Es wird ebenfalls im Hochvakuum oder unter einer Schutzgasatmosphäre (im allgemeinen Ar)

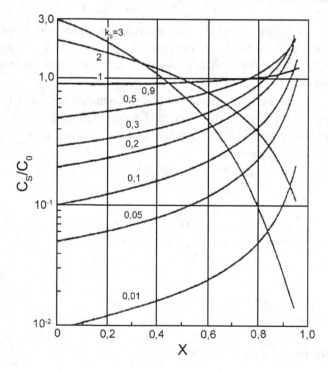

Abb. 3.5 Axiale Dotierungskonzentrationsprofile für verschiedene Werte von k_0

durchgeführt. Hierbei wird ein polykristalliner Siliziumstab vertikal in eine Halterung unterhalb (oberhalb) eines Keimkristalls eingespannt und durch induktive Erwärmung in einer schmalen Zone (etwa 2 cm) zunächst am unteren (oberen) Stabende zum Schmelzen gebracht (Abb. 3.6).

Durch Eintauchen des Keimkristalls in die Schmelze setzt einkristallines Aufwachsen ein. Ähnlich dem CZ-Prozess wird ein „Hals" erzeugt, um ein versetzungsfreies Wachstum zu erzielen. Die geschmolzene Zone wird danach langsam (3–5 mm/min) entlang des Stabs verfahren, indem die Spule oder der Stab bewegt wird. Keimkristall und Stab drehen sich in entgegengesetzten Richtungen.

Zur Dotierung werden dem Schutzgas (Ar) gasförmige Dotierstoffe wie Phosphin (PH_3) oder Diboran (B_2H_6) beigemischt (Abb. 3.7). Zonengezogenes Silizium ist annähernd frei von unerwünschten Fremdstoffen, da die Schmelze nicht mit einem Tiegel in Berührung kommt. Wird das Zonenziehverfahren mehrfach wiederholt, so handelt es sich um Zonenreinigen: Der Segregationskoeffizient k_0 ist für die meisten Verunreinigungen kleiner 1. Die Schmelze wird daher an Verunreinigungen immer reicher, das einkristalline Si dagegen immer ärmer. Mit diesem Verfahren können somit höchste Werte des spezifischen elektrischen Widerstands (bis etwa 2×10^4 Ωcm) erreicht werden.

Abb. 3.6 Prinzip des Zonenziehverfahrens für Silizium

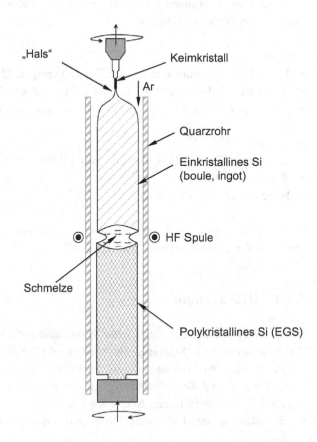

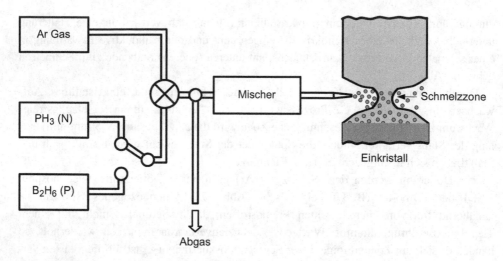

Abb. 3.7 Gas-Dotierprozess beim Float-Zone(FZ)-Verfahren

Standardorientierungen sind [111] und [100]. FZ-Silizium ist heute bis zu Durchmessern von 200 mm verfügbar.

Vorteile
- Keine Verunreinigung durch einen Tiegel (geringere C- und O-Verunreinigung)
- Bessere Dotierhomogenität entlang des Stabs wegen Gas-Dotierung
- Hoher spezifischer elektrischer Widerstand erreichbar (20 kΩcm)

Nachteile
- Gegenüber CZ-Verfahren kleinerer Wafer Ø (bis 200 mm)
- Relativ hohe Kosten
- Höhere Dichte an Kristallfehlern

In Tab. 3.2 sind zum Vergleich noch einmal die wesentlichen Merkmale der beiden Ziehverfahren für Si-Einkristalle gegenübergestellt.

3.1.3 NTD-Silizium

Ist ein hoher spezifischer elektrischer Widerstand mit kleinen Schwankungen über dem Durchmesser und die Stablänge gefordert, wird FZ-Silizium zur Erzielung einer homogenen Dotieratomverteilung durch Neutron Transmutation Doping (NTD) dotiert. Hierbei werden FZ-Kristalle mit sehr niedriger Dotierung in einem Kernreaktor einer Bestrahlung mit thermischen Neutronen ausgesetzt. Es bildet sich ein nichtstabiles Isotop Si^{31}, das mit einer Halbwertzeit von 2,6 h in das stabile Isotop P^{31} zerfällt (Abb. 3.8):

Tab. 3.2 Vergleich von Czochralski(CZ)- und der Float-Zone(FZ)-Technik

Characteristic	CZ	FZ
Growth Speed (mm/min)	1 to 2	3 to 5
Dislocation-Free?	Yes	Yes
Crucible	Yes	No
Heat-Up/Cool-Down Times	Long	Short
Axial Resistivity Uniformity	Poor	Good
Oxygen Content (atoms/cm^3)	$>1 \times 10^{18}$	$<1 \times 10^{16}$
Carbon Content (atoms/cm^3)	$>1 \times 10^{16}$	$<1 \times 10^{16}$
Metallic Impurity Content	Higher	Lower
Bulk Minority Charge Carrier Lifetime (µs)	5–100	1000–20.000

$$Si^{30}(n, \gamma) \rightarrow Si^{31} \rightarrow P^{31} + \beta^-$$

Die Bildung von Si^{31} erfolgt gleichmäßig über den gesamten Stabquerschnitt. Durch Kontrolle des Neutronenflusses wird eine uniforme Phosphordotierung der gewünschten Dichte erreicht (es kann nur n-dotiertes Material hergestellt werden). Um die radialen Schwankungen zu minimieren, rotiert der Stab während der Bestrahlung. NTD-Silizium ist verfügbar zwischen etwa 5 Ωcm und 4000 Ωcm.

NTD-Silizium weist gegenüber CZ- und Standard FZ-Silizium die geringste Streuung des spezifischen elektrischen Widerstands auf.

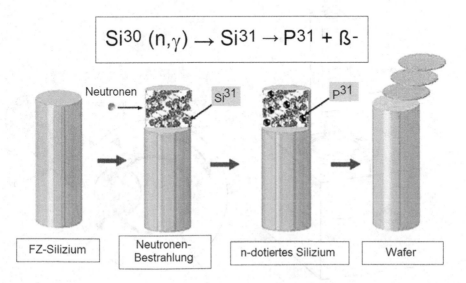

Abb. 3.8 Neutron-Transmutation-Doping(NTD)-Prozess für die Herstellung von hochohmigem n-Silizium mit geringer Streuung des spezifischen elektrischen Widerstands

Vorteile
- Genaue Einstellung der Dotierdichte ($\approx 1\ \%$)
- Höhere axiale und radiale Homogenität der Dotierdichte

Nachteile
- Bestrahlungskosten
- Verringerung der Minoritätsträgerlebensdauer (höhere Defektdichte)
- Spezielle Sicherheitsmaßnahmen

3.1.4 Scheiben(Wafer)-Herstellung

Nach dem Ziehen werden die einkristallinen Stäbe verschiedenen Prüfungen unterzogen (geometrische Abmessungen, Widerstand, Kristalldefekte) und anschließend
mittels Diamantschleifen auf den geforderten Durchmesser gebracht. Nach Feststellung
der Kristallorientierung werden Orientierungsflächen (Flats) bzw. eine Orientierungsrille (Notch) angeschliffen. Anschließend werden die Stabstücke durch Innenlochsägen
(ID-Sawing) bzw. durch Multi Wire Sawing (MWS) in Scheiben zerteilt (Abb. 3.9 und
Abb. 3.10), die dann entsprechend Abb. 3.1 durch eine Vielzahl von Prozessen (Läppen,
Lasermarkieren, Ätzen, Polieren, Reinigen, Inspektion) in einseitig bzw. beidseitig
polierte Wafer verarbeitet werden.

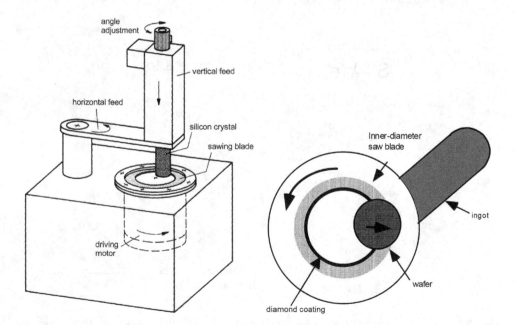

Abb. 3.9 Innenlochsägen (ID-Sawing) für Durchmesser bis 150 mm

Abb. 3.10 Drahtsägen (MWS → Multi Wire Sawing) für 200-mm- und 300-mm-Stäbe

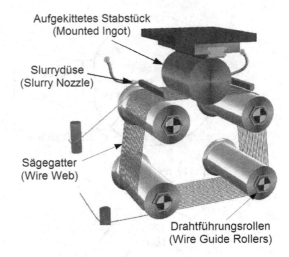

Aufgekittetes Stabstück (Mounted Ingot)

Slurrydüse (Slurry Nozzle)

Sägegatter (Wire Web)

Drahtführungsrollen (Wire Guide Rollers)

Die im Verlauf der Scheibenherstellung angeschliffenen Flats sind in Abb. 3.11 dargestellt. Der größere (Orientierungsflat, „primary flat") dient als Justierkante für die Ausrichtung der Wafer bei der späteren Prozessierung. Der kleinere Flat (Kennzeichnungsflat, „secondary flat") dient zur Kennzeichnung der Waferorientierung und des Leitungstyps. Si-Wafer mit 200 mm und 300 mm Durchmesser besitzen anstelle des Orientierungsflats nur eine Orientierungsrille (Notch; Abb. 3.12).

Die Entwicklung des Durchmessers von CZ-Si-Wafer über der Zeit ist in Abb. 3.13 dargestellt (1950 betrug der Durchmesser erst 0,5 inch).

3.1.5 Der reale Kristall

Der reale Kristall weist im Vergleich zum idealen Kristall eine große Anzahl von Abweichungen von der streng periodischen Gitterstruktur auf. Es lassen sich atomare Kristallfehler (Punktdefekte), Versetzungen (linienförmige Kristallfehler), flächenhafte Fehler (innere Grenzen) und volumenhafte Fehler (z. B. Fremdatomansammlungen) unterscheiden. Viele Eigenschaften von Festkörpern werden durch das Vorhandensein von Kristallfehlern beeinflusst bzw. erst möglich. Solche defektinduzierten Eigenschaften sind z. B. das Kristallwachstum, die Diffusion, die Oxidation und die elektronische Leitfähigkeit in Halbleitern.

Punktdefekte (0-dimensionale Fehler)
Die in Realkristallen auftretenden Punktdefekte sind in Abb. 3.14 dargestellt. Darunter sind Leerstellen, Zwischengitteratome, Fremdatome (Dotieratome) zur gezielten Veränderung der elektrischen Leitfähigkeit, und Fremdatome (Verunreinigungen), die während der Materialherstellung oder späteren Prozessierung in das Gitter eingebaut wurden, zu verstehen.

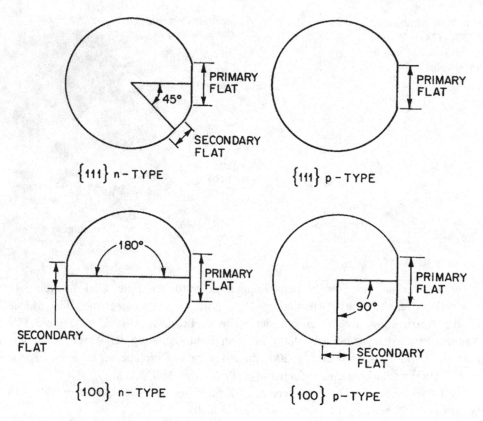

Abb. 3.11 Anordnung der Flats nach Semiconductor Equipment and Materials International (SEMI) zur Waferkennzeichnung bis 150 mm Durchmesser. Der Orientierungsflat („primary flat") ist in <110>-Richtung angebracht. Der Kennzeichnungsflat („secondary flat") gibt die Waferorientierung (z. B. <100>) und den Dotierungstyp an (n oder p)

Abb. 3.12 Standard-<110>-Notch für Wafer mit 200 mm und 300 mm Durchmesser

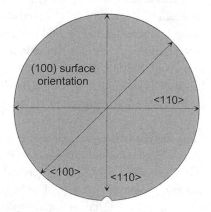

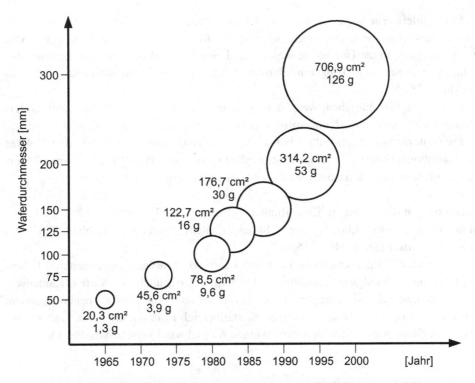

Abb. 3.13 Entwicklung des Durchmessers von Czochralski(CZ)-Si-Scheiben. 450-mm-Wafer sind noch in Entwicklung

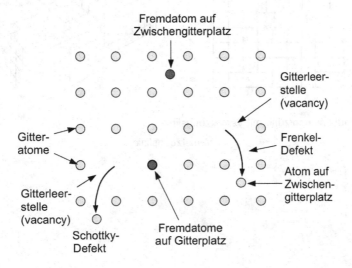

Abb. 3.14 Punktdefekte in Einkristallen

Eine Gitterleerstelle („vacancy") ist der einfachste Punktdefekt, also ein fehlendes Atom; man bezeichnet dies auch als *Schottky-Defekt*. Ein solcher Defekt entsteht, wenn ein Atom an die Oberfläche wandert und eine Lücke (Leerstelle) zurücklässt. Zur Bildung eines Schottky-Defekts in Silizium ist ein Energieaufwand von etwa 2,3 eV notwendig.

Frenkel-Defekte entstehen, wenn ein Atom an eine Stelle zwischen regulären Gitterplätzen im Kristallinneren („interstitial sites") wandert und eine Leerstelle hinterlässt.

Fremdatome („impurities") können im Kristallgitter reguläre Gitterplätze („substitutional sites") oder Zwischengitterplätze („interstitial sites") einnehmen. Dotieratome müssen, um elektrisch aktiv zu sein, reguläre Gitterplätze einnehmen.

Versetzungen (linienförmige Kristallfehler, 1-dimensionale Fehler)
Man unterscheidet Linien- oder Stufen-/Kantenversetzungen (Abb. 3.15a) und Schraubenversetzungen (Abb. 3.15b).

Eine Stufen-/Kantenversetzung lässt sich durch das Einfügen einer weiteren Gitterebene in das Kristallgitter darstellen (Abb. 3.15a). Ursächlich für Stufen-/Kantenversetzungen sind Schubspannungen, die eine Verschiebung von Kristallebenen auslösen. Der oberhalb der Gleitebene befindliche Kristallbereich ist durch die Schubkraft gegenüber dem darunter liegenden Bereich um einen Atomabstand versetzt worden. Die rechte

a Stufen-/Kantenversetzung   **b** Schraubenversetzung

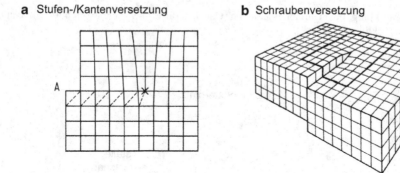

c Schraubenversetzung mit Versetzungslinie

Versetzungslinie

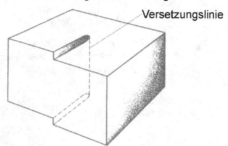

Abb. 3.15 Schematische Darstellung einer Stufen-/Kanten- und einer Schraubenversetzung

Kristallhälfte ist festgehalten, die Versetzungslinie x reicht von Oberfläche zu Oberfläche.

Die Entstehung einer Schraubenversetzung (Abb. 3.15b) kann veranschaulicht werden durch Aufschneiden des Kristalls und Verschieben der beiden Schnittflächen gegeneinander um einen Atomabstand am Rand. Das Schnittende kennzeichnet die Versetzungslinie (Abb. 3.15c).

Flächenhafte Versetzungen (2-dimensionale Fehler)
Versetzungen dieser Art können durch eine Anhäufung von Punkt- oder/und Liniendefekten entstehen. So kann man in realen Einkristallen Kleinwinkel- oder Mosaikblockgrenzen beobachten (Abb. 3.16). Diese bestehen aus Reihen von Versetzungen (Stufen/Kantenversetzungen). Wegen der Kleinheit von Θ ($\leq 1°$) laufen die Gitterebenen fast ungestört durch den Kristall: die Bezeichnung Einkristall ist noch berechtigt. Im Vergleich zu den Kleinwinkelkorngrenzen sind die Korngrenzen in polykristallinen Materialien so stark gestört, dass ein übersichtliches Strukturprinzip nicht mehr darstellbar ist.

Korngrenzen und Versetzungen bieten der Diffusion von Atomen (z. B. Dotierstoffen) einen relativ geringen Widerstand, verglichen mit der Diffusion in perfekten Einkristallen.

Volumendefekte (3-dimensionale Fehler)
Zu diesen Defekten zählen z. B. „voids", „segregation" und „cluster", aufgebaut aus Leerstellen, Fremdatomansammlungen oder -ausscheidungen (Präzipitationen).

Abb. 3.16 Schematische
Darstellung einer
Kleinwinkelkorngrenze
($\Theta \leq 1°$)

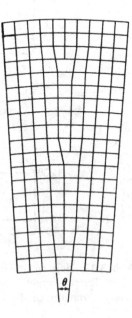

3.2   GaAs-Kristallherstellung

Für die Herstellung von GaAs-Einkristallen werden heute folgende Methoden angewendet [8]:

a) Das horizontale Bridgman-Verfahren (HB) und das Horizontale Gradient-Freeze-Verfahren (HGF)
b) das vertikale Bridgman-Verfahren (VB) und das vertikale Gradient-Freeze-Verfahren (VGF)
c) das Tiegelziehverfahren nach Czochralski (LEC → **L**iquid **E**ncapsulated **C**zochralski)

3.2.1   HB- und HGF-Verfahren

Bei diesen Verfahren befindet sich die GaAs-Schmelze in einem horizontalen Quarzboot, das in eine Quarzampulle eingeschlossen ist (Abb. 3.17). Zur Aufrechterhaltung des erforderlichen As-Dampfdrucks wird ein räumlich von der Schmelze getrenntes Arsenreservoir eingebracht. Die Quarzampulle befindet sich in einem Mehrzonenofen mit Widerstandsheizung. Der vorgegebene Keimkristall ist meist <100>-orientiert und wird zu Beginn angeschmolzen. Kristallwachstum wird durch eine horizontale Verschiebung der Phasengrenze fest/flüssig erreicht. Beim HB-Verfahren wird dazu der Ofen relativ

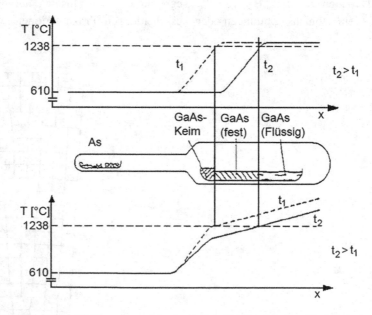

Abb. 3.17 Horizontales Bridgman- und horizontales Gradient-Freeze-Verfahren (schematisch). Oben: Temperaturprofile beim horizontalen Bridgman-Verfahren (HB); unten: Temperaturprofile beim horizontalen Gradient-Freeze-Verfahren (HGF)

zur Schmelze bewegt, wodurch eine horizontale Verschiebung des Temperatur-gradienten bewirkt wird. Wird statt der Ofenbewegung die Heizleistung des Ofens lang-sam reduziert, so erfolgt ebenso eine Wanderung des Temperaturgradienten durch die Schmelze hindurch und ein damit verbundenes Kristallwachstum. In diesem Fall handelt es sich um das HGF-Verfahren. Der Vorteil dieser Methode gegenüber dem Bridgman-Verfahren besteht darin, dass jegliche mechanische Bewegung vermieden wird. Mit dem HB-Verfahren können im Gegensatz dazu längere Kristalle hergestellt werden.

Zur Dotierung werden der Schmelze Dotierstoffe beigemischt, die als Donator (z. B. Si) oder als Akzeptor (z. B. Zn) n- bzw. p-Leitung bewirken. Beide Verfahren werden ausschließlich für die Herstellung von leitfähigem GaAs eingesetzt, das in der Opto-elektronik für LEDs, Photodioden, Solarzellen und Laserdioden Anwendung findet.

Durch horizontales Ziehen erzeugte GaAs-Einkristalle haben einen D-förmigen, rechteckigen oder quadratischen Querschnitt. Nach dem Sägen der Einkristallstäbe in Scheiben werden daraus runde Scheiben erzeugt. Es sind Wafer bis zu 100 mm Durch-messer verfügbar.

3.2.2 LEC-Verfahren

Das LEC-Verfahren ist dem Czochralski-Verfahren für Silizium sehr ähnlich. Es unter-scheidet sich u. a. darin, dass die Verdampfung der flüchtigen Komponente (As) durch eine Abdeckschicht (üblicherweise B_2O_3) auf der Schmelze verhindert wird. Die Abb. 3.18 zeigt schematisch eine LEC-Kristallziehanlage.

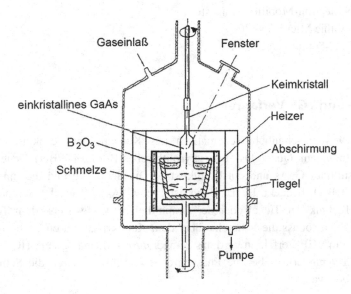

Abb. 3.18 Schema einer Tiegelziehanlage nach dem LEC-Verfahren

Der Tiegel besteht meist aus Quarzglas oder pyrolytischem Bornitrid (PBN). Er befindet sich in einem Rezipienten aus Edelstahl. Innerhalb des Rezipienten wird ein Inertgasdruck (0,2–2 MPa) aufrechterhalten, der höher als der Gleichgewichtsdampfdruck über der Schmelze ist. Das polykristalline Ausgangsmaterial wird durch eine induktive oder Widerstandsheizung geschmolzen. Auf der Schmelze schwimmt eine etwa 1 cm dicke, flüssige B_2O_3-Schicht, die chemisch inaktiv ist und als Getterstoff wirkt. Dadurch werden der Schmelze Verunreinigungen entzogen. Zum Ziehen des Einkristalls wird die Schmelze mit einem Einkristall in Kontakt gebracht, der meist [100]-orientiert ist. Der Kristall wächst an der Grenzfläche B_2O_3-Schicht und Schmelze. Auf dem entstehenden Einkristallstab bleibt ein dünner Film der Deckschicht haften, wodurch der Austritt von As aus dem noch heißen Kristall weitgehend unterbunden wird.

Um Temperaturunsymmetrien zu vermeiden, werden Tiegel und Keimkristall in gleicher oder entgegengesetzter Richtung gedreht. Die Drehzahl beträgt üblicherweise zwischen 3 und 20 Umdrehungen pro Minute. Für die Ziehgeschwindigkeit sind Werte zwischen 0,5 cm/h und 1 cm/h typisch. Infolge der bei diesem Verfahren auftretenden großen Temperaturgradienten weisen die hergestellten Kristalle eine höhere Versetzungsdichte als beim Bridgman-Verfahren auf. Mit der LEC-Technik können heute Kristalle bis zu 200 mm Durchmesser hergestellt werden. Übliche Durchmesser bei der Bauelementeherstellung sind 150 mm und 100 mm. Das LEC-Verfahren erlaubt die Herstellung von sehr hochohmigem, sogenannten semiisolierenden (SI) GaAs ($\rho = 5 \times 10^6 - 10^8$ Ωcm), das für mikroelektronische Anwendungen (z. B. Mikrowellenbauelemente → MESFET, HBF, HEMT, MMIC; Low-Power-Schaltkreise; Hallsensoren) benötigt wird.

HBT: Hetero-Bipolar-Transistor
HEMT: High-Electron-Mobility-Transistor
MMIC: Monolithic Microwave IC
MESFET: Metal-Semiconductor FET

3.2.3 VB- und VGF-Verfahren

Die Abb. 3.19 veranschaulicht schematisch das Konzept des vertikalen Bridgman-Verfahrens. In einem Quarzglas- oder Pyrolithisches-Bornitrid(PBN)-Tiegel befinden sich polykristallines GaAs und ein Keimkristall. Die Schmelze und die innere Tiegelwand sind mit B_2O_3 bedeckt. Ist das polykristalline GaAs im Tiegel geschmolzen, wird bei der VB-Technik der Tiegel oder der Graphitheizer bei feststehendem Temperaturprofil verschoben, sodass die Schmelze über dem Keimkristall zu einkristallinem GaAs erstarrt. Bei dem VGF-Verfahren wird das Temperaturprofil, analog zum HGF-Verfahren, kontinuierlich verändert, wobei die Phasengrenze fest/flüssig durch die Schmelze hindurch nach oben wandert.

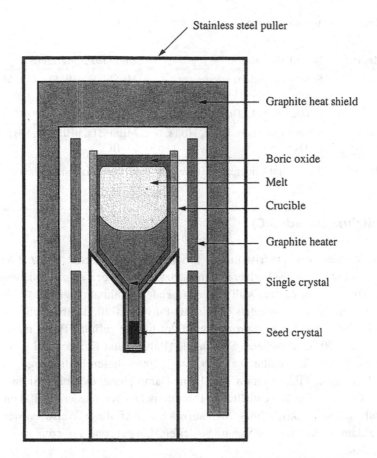

Stainless steel puller

Graphite heat shield

Boric oxide

Melt

Crucible

Graphite heater

Single crystal

Seed crystal

Abb. 3.19 Konzept des vertikalen Bridgman-Verfahrens (VB- und VGF-Technik)

Mit beiden Verfahren (VB und VGF) kann semiisolierendes bzw. dotiertes GaAs (Zugabe von Si- bzw. Zn-dotiertem polykristallinen GaAs) hergestellt werden. Die maximale Wafergröße misst gegenwärtig 200 mm, übliche Wafergrößen in der Bauelementeproduktion sind 100 mm und 150 mm.

Vorteile gegenüber dem LEC-Verfahren:

- Die Kristalle werden innerhalb des Tiegels „gezogen", sodass große Temperaturgradienten, wie sie beim LEC-Verfahren auftreten, ausgeschlossen werden
- Nur geringe thermomechanische Spannungen und geringe Versetzungsdichte
- Kein Waferbruch durch hohen „residual stress"
- Niedrige Anlagenkosten (kein Antrieb für Kristall- und Tiegelrotation)

Die wichtigsten Anwendungen von dotiertem und undotiertem (SI) GaAs für elektronische Bauelemente finden sich in Tab. 3.3.

Tab. 3.3 Typische Anwendungen von GaAs

Gallium Arsenide		
Growth Method*	**Doped Material**	**Undoped Material (SI)**
LEC	Schottky rectifiers, microwave diodes	MESFETs, HEMTs, ICs, MMICs
HB	HBTs, lasers, LEDs	
VGF	Schottky rectifiers, lasers, HBTs, LEDs	MESFETs, pHEMTs, HBTs, ICs, MMICs

* CZ: Czochalski; HB: Horizontal Bridgman; VB: Vertical Bridgman; SI: Semi-isolating

3.3   Siliziumkarbid (SiC)

Für die Herstellung von einkristallinem Siliziumkarbid (4H-SiC und 6H-SiC) wird heute das modifizierte Lely-Verfahren eingesetzt [9–10], bei dem es sich um einen Sublimationsprozess mit Keimkristall handelt („seeded sublimation growth"; Abb. 3.20).

Der untere Teil des Graphittiegels ist mit SiC-Pulver gefüllt, darüber befindet sich der Keimkristall. Für den Wachstumsprozess wird der mit Ar gefüllte Tiegel mit einer HF-Spule auf etwa 2200 °C aufgeheizt. SiC-Quelle (Pulver) und Keimkristall befinden sich auf unterschiedlichen Temperaturen ($T_{SiC} > T_{Keim}$). Unter diesen Bedingungen sublimiert das SiC-Pulver und es bildet sich im Tiegel eine Dampfphase, die neben Si und Si_2 auch Si_2C- und SiC_2-Verbindungen enthält. Die Dampfteilchen kondensieren auf dem kälteren Keimkristall, sodass einkristallines SiC aufwächst. Auf diese Weise entstehen SiC-Boules, die dann weiter mittels Sägen, Schleifen, Läppen und Polieren zu Wafer verarbeitet werden.

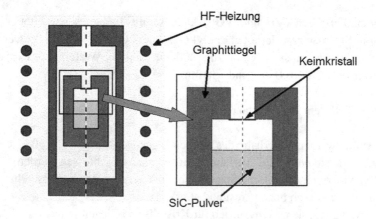

Abb. 3.20 Schematische Darstellung einer Anlage für die modifizierte Lely-Technik

Abb. 3.21 „Micropipes"
(Mikroröhren) in SiC

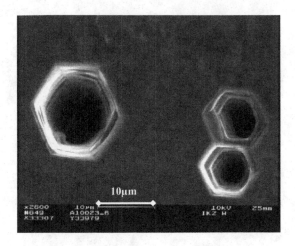

Das größte Problem bei dieser Technik sind die während des Kristallwachstums entstehenden „micropipes" (Mikroröhren), die sich an der Oberfläche als kleine Löcher darstellen (0,1–10 μm Ø) und den ganzen Wafer durchdringen können (Abb. 3.21). Ein anderes Problem ist die Mosaikstruktur, die aus leicht unterschiedlich orientierten Domänen resultiert.

4H- und 6H-SiC-Wafer können mit der beschriebenen Technik bis zu einem Durchmesser von 4" hergestellt werden; sie sind als n-Typ- (N_2-dotiert) und p-Typ-Wafer (Al-dotiert) kommerziell verfügbar.

Hauptanwendungen sind in der Optoelektronik (Substrat für GaN-Epitaxie → blaue LED, Laserdioden) und in der Leistungselektronik (SiC-Schottky-Dioden) zu finden. Drucksensoren für hohe Temperaturen (bis 600 °C) befinden sich in der Entwicklung.

Reinraumtechnik

4

Die Herstellung von Mikrobauelementen mit hoher Ausbeute ist nur in einem hochreinen Umfeld (Reinraum) möglich. Die zentrale Aufgabe eines Reinraums ist deshalb das Bereitstellen einer weitgehend partikelfreien Umgebungsluft. Die Anforderungen an einen Reinraum beschränken sich aber nicht allein auf die Luft, sie verlangen auch reine Prozesse, Anlagen und Medien (Prozessgase, deionisiertes Wasser [DI-Wasser], Chemikalien) sowie geeignet ausgebildetes Reinraumpersonal [5–6, 22–26].

4.1 Reinraumklassen

Reinräume werden durch Reinraumklassen klassifiziert, die in den Richtlinien US Federal Standard 209 E und ISO 14644-1 festgelegt sind. Die Reinraumklassen nach FS 209 E und ISO 14644-1 sind einander ähnlich, außer dass der ISO-Standard neue Klassenbezeichnungen, eine metrische Volumenangabe (m^3) und drei zusätzliche Klassen einführt – zwei reiner als Klasse 10 und eine oberhalb Klasse 100 000 (Tab. 4.1 und 4.2).

Die US-amerikanische Definition des FED STD 209E (FS 209E) bezieht die Partikelanzahl auf die Volumeneinheit Kubikfuß (ft^3), die metrische auf m^3.

Die graphische Veranschaulichung der Tab. 4.2 ist in Abb. 4.1 zu finden.

Die ISO-Klassifizierung basiert auf folgender Gleichung:

$$C_n = 10^N \cdot \left[\frac{0,1}{D} \right]^{2,08}$$

C_n maximal zulässige Partikeldichte (Partikel je m^3 Luft)
N ISO-Klasse
D Partikelgröße in µm
0,1 Konstante mit der Einheit [µm]

H. D. Ngo, *Technologien der Mikrosysteme,* https://doi.org/10.1007/978-3-658-37498-3_4

Tab. 4.1 Gegenüberstellung der Reinraumklassen nach ISO 14644-1 und FS 209E

ISO 14644-1	FED STD 209E	
ISO Class	English	Metric
1		
2		
3	1	M1.5
4	10	M2.5
5	100	M3.5
6	1 000	M4.5
7	10 000	M5.5
8	100 000	M6.5
9		

Tab. 4.2 Klassifizierung von Reinräumen entsprechend ISO 14644-1

ISO	ISO 14644-1					
Klasse	Partikelgröße					
N	0,1 µm	0,2 µm	0,3 µm	0,5 µm	1,0 µm	5,0 µm
1	10	2				
2	100	24	10	4		
3	1000	237	102	35	8	
4	10.000	2370	1020	352	83	
5	100.000	23.700	10.200	3520	832	29
6	1.000.000	237.000	102.000	35.200	8320	293
7				352.000	83.200	2930
8				3.520.000	832.000	29.300
9				35.200.000	8.320.000	293.000

Der Federal Standard FS 209 wurde erstmals 1963 veröffentlicht und in der Folgezeit mehrmals überarbeitet und ergänzt. Der FS 209 E, die zuletzt veröffentlichte Version des FS 209, unterscheidet sich in vielerlei Hinsicht von den früheren Standards FS 209 (A bis D). So wird beispielsweise neben der in den früheren FS 209-Versionen üblichen Klassenangabe in Partikel/Kubikfuß auch eine metrische Klassifizierung in Partikel/m^3 eingeführt. Trotz des ISO 14644 wird international für die Klassifizierung von Reinräumen noch überwiegend der FS 209 E (Partikel/ft^3) verwendet (Tab. 4.3).

Entsprechend Tab. 4.3 ist die Klasse eines Reinraums nach FS 209 E (englisches Maßsystem) als die Anzahl der Partikel mit einer Größe von $\geq 0,5$ µm pro Kubikfuß definiert.

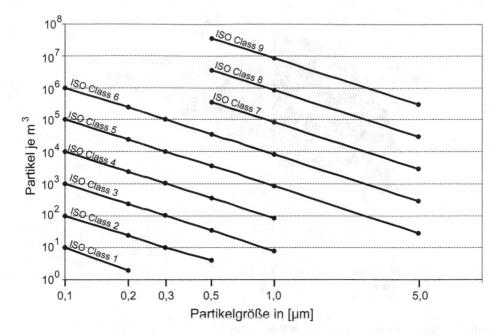

Abb. 4.1 Graphische Darstellung des Standards ISO 14644-1

Tab. 4.3 Klassifizierung von Reinräumen nach FS 209 E (Partikel/ft³)

Class	Measured particle size (μm)				
	0,1	0,2	0,3	0,5	5,0
1	35	7.5	3	1	NA
10	350	75	30	10	NA
100	NA	750	300	100	NA
1 000	NA	NA	NA	1000	7
10 000	NA	NA	NA	10.000	70
100 000	NA	NA	NA	100.000	700

NA = Not Applicable

4.2 Hauptkontaminationsquellen

Unter Kontamination in einem Reinraum versteht man alle Umgebungseinwirkungen, die sich negativ auf den Prozess und/oder die prozessierten Bauelemente/Mikrosysteme auswirken. Die Hauptkontaminationsquellen sind in Abb. 4.2 veranschaulicht.

Jede Quelle produziert spezifische Typen und Konzentrationen von Kontaminationen, die durch geeignete Maßnahmen reduziert bzw. ausgeschlossen werden müssen.

Die zulässige Partikeldichte in der Luft in einem Reinraum spiegelt sich entsprechend Abschn. 4.1 in der Reinraumklasse wider. Wie sich diese zwischen 1980 und 2004 in der DRAM-Technologie entwickelte, verdeutlicht Tab. 4.4.

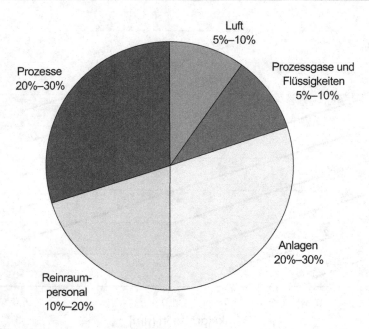

Abb. 4.2   Hauptkontaminationsquellen in Reinräumen

Tab. 4.4 Übersicht über die Entwicklung der Anforderungen an die DRAM-Technologie zwischen 1980 und 2004

Mass Production started	1980	1984	1987	1990	1993	1996	1999	2004
Wafer Size (mm)	75	100	125	150	200	200	200	300
DRAM Technology	64K	256K	1M	4M	16M	64M	256M	1G
Chip Size (cm²)	0,3	0,4	0,5	0,9	1,4	2,0	3,0	4,5
Feature Size (µm)	2,0	1,5	1,0	0,8	0,5	0,35	0,25	0,2–0,1
Process Steps	100	150	200	300	400	500	600	700–800
Cleanroom Class *	10.000–1000	100	10	1	0,1	0,1	0.1 Mini environment	0.1 Mini environment
Utility Purity (ppb)	1000	500	100	50	5	1	0,1	0,01

Data from Chang and *Sze, ULSI Technology [22]*
*) entsprechend FS 209 E

4.3   Reinraumkonzepte

Um die geforderte Reinraumklasse zu gewährleisten, lässt man ständig gereinigte Luft in den Raum strömen, damit die durch Geräte, Wände, Boden und Personal entstandenen Partikel abtransportiert werden [6, 24–25].

Entsprechend der Reinraumklasse und dem damit verbundenen Luftvolumenstrom unterscheidet man zwischen

- Systemen mit turbulenter Mischlüftung (Abb. 4.3a)
- Systemen mit turbulenzarmer Verdrängungsströmung (Abb. 4.3b), für die auch der Begriff Laminar Flow (LF) gebräuchlich ist.

4.3.1   Reinraumvarianten

In der Mikrosystemtechnik sind, abhängig von der zulässigen Partikeldichte in der Luft eines Reinraums, hauptsächlich die in Abb. 4.4 und in Abb. 4.5 veranschaulichten Anordnungen üblich.

Abhängig von der Reinraumklasse ist im Reinraum ein bestimmter Luftwechsel notwendig, für den die in Tab. 4.5 genannten Richtwerte gelten.

Für die Luftaufbereitung werden lufttechnische Anlagen (Reinraumklimaanlagen) eingesetzt, die im wesentlichen aus

- Förderventilatoren (samt Kanal- und Auslasssystem),
- mehrstufigen Filtern,

Abb. 4.3a Reinraum mit turbulenter Mischlüftung

Abb. 4.3b Reinraum
mit turbulenzarmer
Verdrängungsströmung und
Doppelboden

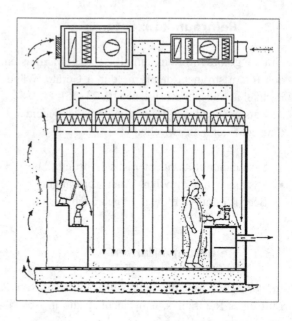

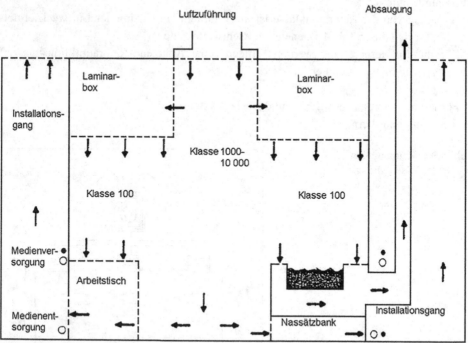

Abb. 4.4 Reinraum mit turbulenter Mischlüftung in der Mitte (Kl. 1000–10.000) und turbulenzarmer Verdrängungsströmung unter den LF-Boxen (Kl. 100; Tunnelsystem). Die Luft wird
über seitliche Wandöffnungen abgesaugt. Häufig werden bei diesen Reinraumtunneln von
den Flowboxen über den Arbeitsbereichen Schürzen zur Trennung der Bereiche laminare und
turbulente Strömung aufgehängt. Kritisch ist bei derartigen Räumen der Aufenthalt des Personals
in der Kl. 1000 bis 10.000, und es besteht die Gefahr der Partikeleinbringung beim Eingreifen in
die Prozess- bzw. Arbeitsbereiche

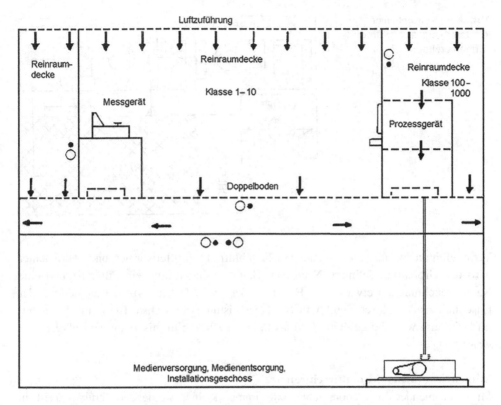

Abb. 4.5 Flächenreinraum mit turbulenzarmer Verdrängungsströmung im gesamten Raum. Die gesamte Raumluft wird über einen Doppelboden abgeführt, unter dem das Installationsgeschoss angeordnet ist

Tab. 4.5 Richtwerte für den Luftwechsel in Reinräumen, um eine bestimmte Reinraumklasse sicherzustellen

Reinraumklasse		Strömungstyp	Luftwechsel/h
ISO 14644-1	FS 209E		
ISO 8	100.000	Turbulent	5–48
ISO 7	10.000	Turbulent	60–90
ISO 6	1000	Turbulent	150–240
ISO 5	100	Turbulenzarm	240–280
ISO 4	10	Turbulenzarm	300–540
ISO 3	1	Turbulenzarm	360–540

- Lufterhitzern,
- Luftkühlern (bzw. -entfeuchtern) und
- Luftbefeuchtern bestehen.

Ein Anlagenkonzept für Reinraumklassen 100 bis 10.000 (häufig in der Mikrosystemtechnik anzutreffen) zeigt Abb. 4.6. Ein Vorfilter F1 (Grobfilter) entfernt die groben

Abb. 4.6 Konzept einer
Reinraumklimaanlage für die
Luftaufbereitung

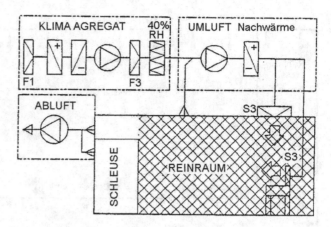

Verunreinigungen aus der angesaugten Frischluft. Im Lufterwärmer und -entfeuchter
wird das Grobklima definiert. Nach dem Hauptventilator folgt ein Filter F3 und eine
Nachbefeuchtung auf etwa 40 % RH. Ein großer Anteil Umluft wird zusammen mit der
Frischluft zu den Hosch-Feinfiltern S3 (Hochleistungs-Schwebstoff-Feinfilter) geleitet.
Im Reinraum wird die gefilterte Luft als turbulente Raumluftmischung bzw. als LF ver-
wendet.

Minienvironments (Miniaturreinräume)

Mit zunehmender Integrationsdichte bzw. immer kleiner werdenden Strukturen ist in
der Halbleiterindustrie die SMIF-Minienvironment-Technologie eingezogen (SMIF
→ *S*tandard *m*echanical *i*nter*f*ace). Die herkömmliche Waferbox für den Transport der
Wafer wird bei diesem Konzept durch eine spezielle Box (SMIF Pod) ersetzt, die eine hochreine Atmosphäre in der Umgebung der Wafer sicherstellt. Über das SMIF wird die Box mit
der jeweiligen Prozessanlage verbunden. Die Aufrechterhaltung der Reinheitsklasse wird
durch das hochreine Minienvironment in der Prozessanlage garantiert (Abb. 4.7). Für den
Reinraum selbst genügt bei dieser Technologie eine Reinraumklasse von 1000 Partikel/ft^3.

Um einen hohen Automatisierungsgrad und eine hohe Flexibilität bezüglich der Rein-
raumnutzung (neue Prozessanlagen, geänderte Prozessabläufe) zu erzielen, sind in allen
Reinräumen mit SMIF-Technik rechnergesteuerte Systeme für den Transport der SMIF-
Boxen installiert (Abb. 4.8).

Vorteile der SMIF-Technik

- Erfüllt höchste Anforderungen an die Reinheitsklasse bezüglich Waferumgebung und
  Prozesskammer
- Erheblich geringere Installationskosten für die Luft- und Klimatechnik und deren
  Betrieb
- Erhöhte Flexibilität hinsichtlich Redesign des Reinraums
- Arbeitserleichterung für das Reinraumpersonal (kein manueller Wafertransport,
  weniger strenge Bekleidungsvorschriften).

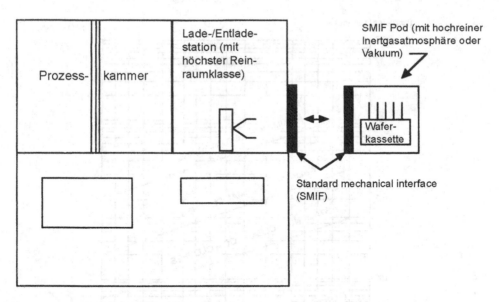

Abb. 4.7 Minienvironment-Systemelemente

Abb. 4.8 Overhead Hoist Vehicles (OHV) für den Overhead Hoist Transport (OHT) der Standard-mechanical-interface(SMIF)-Boxen. Jedes OHV übernimmt das Beladen bzw. Entladen der SMIF-Boxen an den Ladestationen der Prozessanlagen

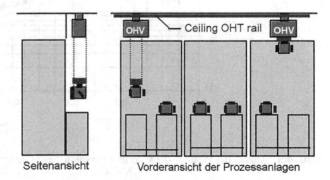

4.4   Reduzierung der Kontamination durch Personal, Anlagen, Prozesse und Prozessmedien

Reinraumpersonal

Wie aus Abb. 4.2 zu entnehmen ist, stellt das in einem Reinraum tätige Personal eine wesentliche Kontaminationsquelle dar. Ursachen hierfür sind die durch Bewegung hervorgerufenen Partikelabgaben von Kleidern, Schuhen und der Hautoberfläche sowie die Atmung. Die Partikelabgabe kann durch eine hochwertige Reinraumkleidung und durch bewegungsarme Arbeitsabläufe erheblich eingeschränkt werden (Abb. 4.9).

Die Reinraumkleidung soll als Partikelbarriere wirken, d. h. Fasern und Partikel der Unterbekleidung des Menschen sowie Hautpartikel vom Reinraum fernhalten. Sie

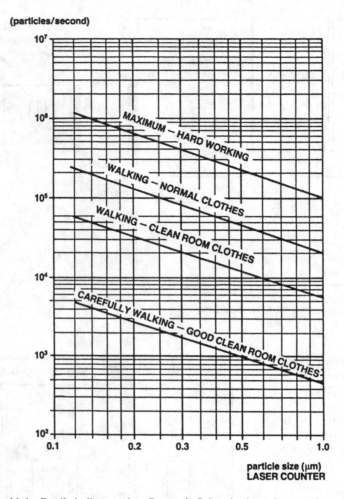

(particles/second)

Abb. 4.9 Anzahl der Partikel, die von einer Person je Sekunde abgegeben werden

umfasst neben der Oberbekleidung (Mantel, Overall), bei hohen Ansprüchen an die Reinheit, folgende Zusatzbekleidung:

- Kopfbedeckung (Mütze, Kapuze),
- Atemfilter,
- Handschuhe,
- Reinraumstiefel.

Das Betreten der Reinräume bzw. das Einbringen von Materialien geschieht im Allgemeinen über Schleusensysteme, um eine Kontamination aus den angrenzenden Bereichen auszuschließen. In den meisten Fällen sind innerhalb der Personalschleusen Luftduschen installiert (Abb. 4.10). Im Inneren der Schleusen dienen schlitzförmige oder in Reihe angeordnete Luftdüsen (Luftgeschwindigkeit 15–30 m/s) als Luftdusche zum Abblasen der Restpartikel von der Reinraumkleidung.

Abb. 4.10 Funktionsprinzip
einer Personalreinraumschleuse
mit Luftdusche sowie
räumlicher Wirbelströmung
und zentraler Abführung der
mit Staubpartikeln beladenen
Luft

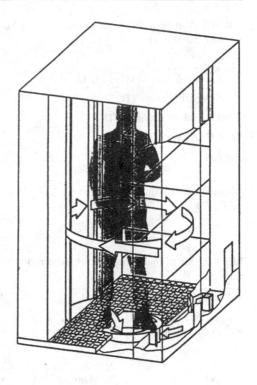

Anlagen
Durch die Prozessanlagen entstehen Partikelkontaminationen hauptsächlich durch den
Abrieb der mechanischen Transportsysteme sowie durch elektrostatische Aufladungen.
Üblicherweise werden Prozessanlagen deshalb in Reinräumen zusammengesetzt, die
den Reinraumbedingungen im späteren Betrieb entsprechen.

Prozesse
Partikelkontaminationen können in der Prozessatmosphäre z. B. durch partikelartige
Reaktionsprodukte oder durch Flitter entstehen, die sich von den Wänden (z. B. Rohr-
wand, Rezipientenwand) lösen.

Prozessgase und -flüssigkeiten
Die Prozessierung von Mikrobauelementen umfasst in der Regel eine Vielzahl von Ätz-
und Reinigungsschritten. Zusätzlich finden viele Prozesse in einer Gasatmosphäre statt.
Dafür werden hochreine Flüssigkeiten (DI-Wasser, Prozesschemikalien) und hochreine
Gase benötigt. Einen Eindruck bezüglich der extrem hohen Anforderungen an DI-Wasser
vermittelt Tab. 4.6.
     Die Beherrschung der einzelnen Kontaminationsquellen erfordert eine Reihe von
Maßnahmen (Tab. 4.7).

Tab. 4.6 Von Semiconductor Equipment and Materials International (SEMI) empfohlene Richt-werte für DI-Wasser

	Einheit	
Spezifischer Widerstand bei 25 °C	MΩcm	>18,2
Total Organic Carbon (TOC)	ppb	<5
Total Dissolved Oxygen (TDO)	ppm	<20
Total Heavy Metals (THM)	ppb	<1
Partikel		<200 Partikel 0,3–0,5 µm/l <1 Partikel >0,5 µm/l
Maximale Ionenkonzentration (Na$^+$, K$^+$, Cl$^-$, Br$^-$, NO$_3^-$, SO$_4^{2-}$)	ppb	0,5

Tab. 4.7 Mittel und Verfahren zur Beherrschung der wichtigsten Kontaminationsquellen in Rein-räumen

Reinraum	Personal	Anlagen/Prozesse	Prozessgase und -flüssigkeiten
• Reinstluftanlage	• Reinraumtraining	• Geprüfte Werkstoffe (abriebfest, glatt)	• Hochreine Medien (DI-Wasser, Gase, Chemikalien)
• Hochleistungs-schwebstofffilter (HOSCH-, HEPA-Filter)	• Reinraumkleidung	• Automatischer Transport	• Ringleitungen
• Laminar Flow	• Reinraumwerkzeug	• Keine toten Ecken	• Zentrale Ver- und Entsorgung
• Überdruck im Rein-raum		• Reinraumkompatible Oberflächen	• Point-of-use-Filter
• Wände, Böden, Decken (gut reinig-bar, glatt, elektrisch leitfähig)		• Regelmäßige Reinigung der Anlagen	• Elektropolierte Leitungen und Gas-behälter
• SMIF-Technologie (Minienvironment, bei sehr hohen Anforderungen)		• Zusammensetzen der Anlagen in Rein-räumen	

4.5 Partikelmessung

Die Partikelmessung im Reinraum verfolgt drei spezifische Zielsetzungen:

- *Klassennachweis:* Erfüllen einer Anforderung bezüglich einer maximalen Partikelkonzentration in Abhängigkeit von der Partikelgröße
- *Lecksuche:* Nachweis einer punktuell erhöhten Partikelkonzentration in der aus den Schwebstofffiltern austretenden Luft
- *Überwachung:* Einhaltung der geforderten Bedingungen während des Betriebs

4.5.1 Einteilung der Messverfahren

Es gibt eine Reihe von Verfahren, die zur Partikelmessung eingesetzt werden, aber keines, das den gesamten Größenbereich abdecken kann (Abb. 4.11).

Diese Verfahren lassen sich in In-situ-Verfahren, bei denen die Partikel in der Luft bzw. im Gas gemessen werden, und solche, bei denen die Partikel gesammelt und anschließend analysiert werden, einteilen.

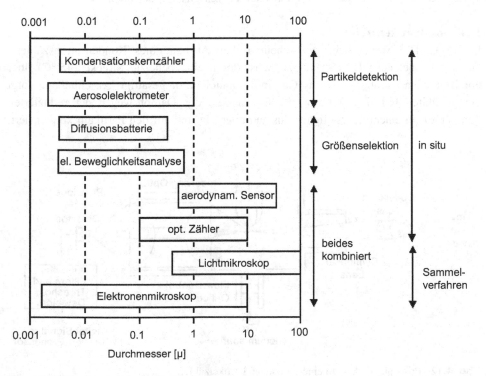

Abb. 4.11 Messmethoden für die Partikelmessung

Im Folgenden werden nur In-situ-Verfahren behandelt, da sie für die Reinraumtechnik in erster Linie von Bedeutung sind. Bei niedrigen Konzentrationen führen Sammelverfahren zu extrem langen Messzeiten. Hingegen können Untersuchungen mit dem Elektronenmikroskop Aufschluss über Struktur und Zusammensetzung der Partikel und damit eventuell über deren Herkunft geben, was für ihre Eliminierung hilfreich sein kann.

Die heute üblichen Messgeräte zur Partikeldetektion in Reinräumen sind optische Partikelzähler (OPC → Optical Particle Counter) und Kondensationskernzähler (CNC → Condensation Nucleus Counter).

Optischer Partikelzähler
Bei diesem Messverfahren durchqueren die zu messenden Partikel mit einer bestimmten Geschwindigkeit einen gebündelten Lichtstrahl (üblicherweise Laserstrahl; Abb. 4.12). Die Intensität des am Teilchen gestreuten Lichts ist abhängig von der Größe des Teilchens. Das Streulicht wird von einem Detektor in ein proportionales elektrisches Signal umgewandelt und im Partikelzähler einer bestimmten Teilchengrößenklasse zugeordnet. Die Anzahl der Signale ergibt die Konzentration.

Mit optischen Partikelzählern lassen sich bei Verwendung von zusätzlichen Einrichtungen (z. B. Küvetten) auch Partikelkonzentrationen in flüssigen Medien (DI-Wasser, Lösungsmittel, Säure) und toxischen Prozessgasen bestimmen.

Kondensationskernzähler
Die Abb. 4.13 verdeutlicht den schematischen Aufbau eines Kondensationszählers. Die partikelbeladene Luft strömt zunächst durch eine beheizte Strecke (35 °C) über ein Butanolbad. Dabei wird das Gas mit Butanoldampf gesättigt. Anschließend folgt ein gekühlter Teil (Kondensator, 10 °C), in dem der Dampf wegen der reduzierten Temperatur in einem übersättigten Zustand übergeht und auf den Partikeln kondensiert.

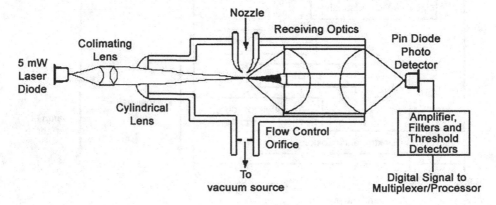

Abb. 4.12 Prinzipieller Aufbau eines optischen Partikelzählers

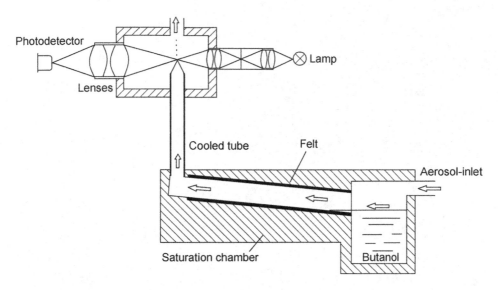

Abb. 4.13 Prinzip des Kondensationskernzählers

Tab. 4.8 Eigenschaften von optischen Partikelzählern und Kondensationskernzählern

Parameter	Optischer Partikelzähler	Kondensationskernzähler
Messbereich	$0{,}1 \to 10\,\mu m$	$0{,}003 \to 1\,\mu m$
Konzentration	$0 \to 35/10^4\,T/cm^3$ (Gerätetyp)	$0 \to 10^7\,T/cm^3$
Materialeinfluss	Brechungsindex, Form, Größe	Praktisch kein Einfluss
Resultat	Teilchengröße/Konzentration	Konzentration
Kalibrierung (Partikelgröße)	Monodisperse Eichaerosole	---
Kalibrierung (Konzentration)	Nur in speziell ausgerüsteten Laboratorien möglich	Nur in speziell ausgerüsteten Laboratorien möglich
Einsatz	Lecksuche Überwachung Abnahme (Klassennachweis)	Lecksuche Überwachung --

Die Partikel wachsen so zu Tropfen von typisch ungefähr 10 μm Durchmesser, die dann in dem nachfolgenden optischen Partikelzähler detektiert werden. Aufgrund der Tröpfchenbildung liefert dieses Verfahren keine Information über die ursprüngliche Partikelgröße.

Optische Partikelzähler und Kondensationskernzähler unterscheiden sich in ihren Eigenschaften und ihrem praktischen Einsatz wie in Tab. 4.8 aufgelistet.

Silizium-Planartechnologie

5

Im Folgenden werden die wichtigsten Grundprozesse der Silizium-Planartechnik behandelt, bei der die Bauelementestrukturen von der planaren Oberfläche der Halbleiterscheibe ausgehend durch verschiedene aufeinanderfolgende und sich zum Teil wiederholende Einzelprozesse hergestellt werden ([3], [5–7], [11–23]).

Wesentliche Prozessschritte der Planartechnik sind:

- Schichtherstellung,
- Photolithographie,
- Strukturierung,
- Dotierung,
- Epitaxie,
- Metallisierung,
- Passivierung,
- Waferreinigung.

5.1 Schichtherstellung

Dünne isolierende, halbleitende und metallische Schichten finden in der Planartechnik z. B. als Passivierungs- oder Isolierschicht, als Dielektrikum, Bauelementeschicht, Gate-Elektrode, Metallisierung, Haft-, Maskier- oder Verbindungsschicht Anwendung. Die Verfahren zur Herstellung dieser Schichten lassen sich in zwei grundsätzlich verschiedene Beschichtungstechniken unterscheiden:

- Aufwachsverfahren,
- Abscheideverfahren.

H. D. Ngo, *Technologien der Mikrosysteme*, https://doi.org/10.1007/978-3-658-37498-3_5

Beim Aufwachsen ist das Trägermaterial direkt am Schichtwachstum beteiligt, indem es chemisch mit der Prozessatmosphäre reagiert. Die entstehende Schicht stellt eine chemische Verbindung des Substratmaterials und der umgebenden Atmosphäre dar. Aufwachsprozesse liefern sehr dichte und weitgehend defektfreie Schichten mit guten Grenzflächeneigenschaften. Der bedeutendste Prozess dieser Art ist die thermische Oxidation von Silizium. Das Aufwachsen einer schützenden und elektrisch hochwertigen Oxidschicht in oxidierender Atmosphäre ist einer der Hauptgründe für die dominierende Rolle von Silizium in der Halbleitertechnologie.

Bei der Schichtherstellung durch Abscheiden entsteht die Schicht durch Anlagerung der die Schicht bildenden Teilchen an die Substratoberfläche. Das Substrat ist nicht an den dabei ablaufenden physikalischen und chemischen Prozessen beteiligt. Abscheideprozesse bieten die Möglichkeit, Schichten bei vergleichsweise niedriger Temperatur und weitgehend vom Substrat unabhängiger Zusammensetzung und Struktur herzustellen.

In Tab. 5.1 sind einige typische Schichtmaterialien, ihr Verwendungszweck, der zugehörige Dickenbereich und gebräuchliche Verfahren zur Herstellung dieser Schichten aufgeführt. Gegenstand der folgenden Abschnitte ist eine detaillierte Darstellung und Erläuterung der in Tab. 5.1 genannten Prozesse.

Tab. 5.1 Typische Schichtmaterialien der Si-Planartechnik

Anwendung	Schichtmaterial	Dickenbereich [µm]	Verfahren
Isolierschicht, Dielektrika	SiO_2, Si_3N_4, $Si_xN_yH_z$	0,01 … 1	Thermische Oxidation, APCVD, LPCVD, PECVD
Maskierschicht	SiO_2, Si_3N_4, $Si_xN_yH_z$, organische Schichten	0,2 … 2	Thermische Oxidation, APCVD, LPCVD, PECVD, spin on-Technik
Metallisierung	Al, AlSi, Ti, Pt, Pd, Au, $PtSi_2$, WSi_2	0,01 … 1,5	Sputtern, LPCVD, PECVD, Vakuum-bedampfen
Passivierung	SiO_2, Si_3N_4, PSG, BPSG	0,5 … 1,5	Thermische Oxidation, APCVD, LPCVD, PECVD
Einkristalline Schichten	Si	5 … 100	Epitaxie (APCVD)
Polykristalline Schichten	Polysilizium	0,5 … 4	LPCVD

BPSG: **B**orophosphor-**S**ilikat**g**las
PSG: **P**hosphor**s**ilikat**g**las
LPCVD: **L**ow **P**ressure **C**hemical **V**apor **D**eposition
PECVD: **P**lasma **E**nhanced **C**hemical **V**apor **D**eposition
APCVD: **A**tmospheric **P**ressure **C**hemical **V**apor **D**eposition

5.1.1 Thermische Oxidation von Silizium

Thermische SiO_2-Filme sind amorph. Sie sind aufgebaut aus einem regellosen Netzwerk von Si-Atomen, die in Form eines Tetraeders von vier Sauerstoffatomen umgeben sind. Die O_2-Atome an den Ecken der Tetraeder verbinden jeweils zwei Si-Atome (Abb. 5.1). Auf diese Weise bildet sich ein räumliches SiO_2-Gitter, das verglichen mit kristallinem SiO_2 (Quarz) eine aufgelockerte Struktur aufweist. Es werden nur etwa 43 % des Volumens von SiO_2-Molekülen eingenommen. Daraus resultiert eine geringere Dichte (2,27 gcm^{-3}) im Vergleich mit kristallinem SiO_2 (2,65 gcm^{-3}).

Die thermische Oxidation von Silizium kann in einer trockenen (O_2) oder feuchten (H_2O) Atmosphäre durchgeführt werden. Für die Gesamtreaktion gilt dabei:

$$\text{Trockene Oxidation: } Si_{(s)} + O_{2(g)} \xrightarrow{T} SiO_{2(s)}$$

$$\text{Feuchte Oxidation: } Si_{(s)} + 2\,H_2O_{(g)} \xrightarrow{T} SiO_{2(s)} + 2\,H_{2(g)}$$

mit s für solid/fest und g für gaseous/gasförmig.

Wegen der sehr offenen Struktur von amorphem SiO_2 tritt eine Volumenvergrößerung ein. Bei einem Verbrauch von 0,44 µm Silizium bildet sich eine 1 µm dicke SiO_2-Schicht (Abb. 5.2). Der bei der feuchten Oxidation sich bildende Wasserstoff diffundiert rasch durch das wachsende Oxid und verlässt den Film an der Gas-Oxid-Grenzschicht.

Die Schichtdicke thermisch aufgewachsener Siliziumoxidschichten beträgt anwendungsabhängig zwischen etwa 10 und 1000 nm. Die Tab. 5.2 gibt einen Überblick über typische Anwendungen und dabei übliche Schichtdicken.

In Tab. 5.3 sind einige ausgewählte Eigenschaften von thermischem SiO_2 mit ihren Werten aufgeführt.

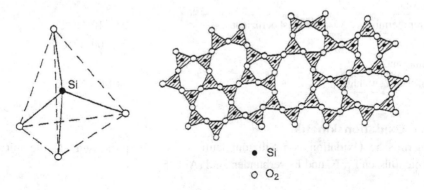

Abb. 5.1 Schematische Darstellung der amorphen Struktur von SiO_2. Links: Tetraederanordnung; rechts: zweidimensionales regelloses Netzwerk

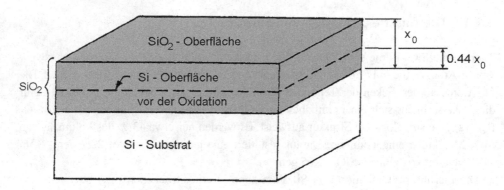

Abb. 5.2 Schichtdickenverhältnis bei der thermischen Oxidation von Silizium

Tab. 5.2 SiO_2-Schichtdicken und typische Anwendungen

SiO_2-Dicke	Anwendungen
10–50 nm	Gateoxide, Kondensatordielektrika
50–500 nm	Maskieroxide (Diffusion, Implantation, Ätzen), Oberflächenpassivierungsoxide, Pad-Oxide
300–1000 nm	Feldoxide

Tab. 5.3 Eigenschaften von thermischem SiO_2

Eigenschaft	Wert
Spezfischer DC-Widerstand	$> 10^{16}$ Ωcm (25 °C)
Dichte	2,27 gcm^{-3}
Relative Dielektrizitätskonstante	3,8–3,9
Durchbruchfeldstärke	$\approx 10^7$ Vcm^{-1}
Bandabstand	$\approx (8–9)$ eV
Linearer thermischer Ausdehnungskoeffizient	$0,5 \times 10^{-6}$K^{-1}
Schmelzpunkt	≈ 1700 °C
Brechungsindex	1,46
Thermische Leitfähigkeit	0,014 W/(cmK)

5.1.1.1 Oxidationskinetik

Die thermische Oxidation von Silizium läuft in drei Teilprozessen ab, die mit den Oxidantenflüssen F_1, F_2 und F_3 verbunden sind (Abb. 5.3).

Teilprozess 1:
Für F_1 gilt:

$$F_1 = h_G (C_G - C_S) \quad \text{[Oxidantenmoleküle pro cm}^2 \text{ und sec]} \qquad (5.1)$$

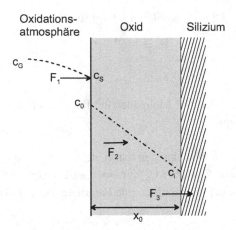

Abb. 5.3 Oxidantenflüsse F_1, F_2 und F_3 bei der thermischen Oxidation von Silizium. (C_G Oxidantenkonzentration im Gas; C_S Oxidantenkonzentration an der äußeren Oxidoberfläche; C_0 Löslichkeitskonzentration des Oxidanten im Oxid innerhalb der äußeren Oxidoberfläche; C_i Konzentration der oxidierenden Spezies an der SiO_2-Si- Grenzfläche; Fluss $\rightarrow$ Anzahl der Oxidantenmoleküle, die pro Zeiteinheit die Einheitsfläche passieren)

Diffusion der Oxidantenmoleküle durch die Grenzschicht (letztere bildet sich durch das strömende Oxidantengas auf der Waferoberfläche)

h_G Massentransportkoeffizient in cm/s der Oxidantenmoleküle.

$(C_G$-$C_S)$ ist die Konzentrationsdifferenz zwischen dem Gasraum und der Oxidoberfläche.

Der Zusammenhang zwischen C_0 (Abb 5.3) und dem Druck P_S des Oxidantengases an der SiO_2-Oberfläche ist durch das Henry-Gesetz gegeben:

$$C_0 = HP_s \qquad (5.2)$$

gültig unter der Annahme, dass O_2 und H_2O in molekularer Form vom Oxid absorbiert werden.

H Henry-Konstante

P_S ist im Allgemeinen nicht bekannt, es ist deshalb sinnvoller, die Oxidantenkonzentration im Oxid als Funktion von P_G auszudrücken:

$$C^* = HP_G \qquad (5.3)$$

P_G Partialdruck des Oxidanten im Gasraum (Oxidationsrohr).

C^* Löslichkeitskonzentration der Oxidantenmoleküle im Oxid, die sich bei P_G einstellt.

Für ein ideales Gas gilt zudem:

$$C_G = \frac{P_G}{kT} \quad \text{und} \quad C_s = \frac{P_S}{kT} \qquad (5.4, 5.5)$$

Durch Einsetzen der Gl. 5.2 bis 5.5 in Gl. 5.1 folgt für F_1:

$$F_1 = h(C^* - C_o) \tag{5.6}$$

mit $h = h_G/(HkT)$.

C_o beträgt bei 1000 °C $5{,}2 \times 10^{15}$ Moleküle/cm^3 für trockenen Sauerstoff, für H_2O ist $C_o = 3 \times 10^{19}$ Moleküle/cm^3.

Unter typischen Oxidationsbedingungen ist h sehr groß, sodass bereits eine kleine Differenz zwischen C^* und C_o ($C^* \approx C_o$) für einen ausreichenden Oxidantenfluss F_1 ausreicht (F1 ist damit nicht der ratenlimitierende Parameter bei der Oxidation).

Teilprozess 2:
Der Fluss F_2 in Abb. 5.1 repräsentiert die Diffusion des Oxidanten von der Gas-SiO_2-Grenzfläche durch das bereits vorhandene SiO_2 zur SiO_2-Si-Grenzfläche.
   Es gilt:

$$F_2 = -D\frac{\partial C}{\partial x} = D\left(\frac{C_o - C_i}{x_o}\right) \tag{5.7}$$

mit

D: Diffusionskoeffizient des Oxidanten im SiO_2.
C_o und C_i: Konzentrationen an den beiden Grenzflächen.
x_o: Oxiddicke.

Experimentelle Beobachtungen legen nahe, dass O_2 in molekularer Form durch das SiO_2 diffundiert, wahrscheinlich auf Zwischengitterplätzen. H_2O scheint dagegen in einer komplexeren Weise zu diffundieren, wechselwirkend mit der Oxidmatrix.
   Die effektiven Diffusionsgeschwindigkeiten von O_2 und H_2O liegen jedoch in der gleichen Größenordnung.

Teilprozess 3:
Der Oxidant reagiert an der SiO_2-Si-Grenzfläche unter Bildung einer neuen SiO_2-Schicht. Diese Reaktion ist verbunden mit dem Fluss F_3, der proportional zur Konzentration C_i des Oxidanten angenommen wird.

$$F_3 = k_S C_i \tag{5.8}$$

k_s beschreibt die Grenzflächen-Reaktionskonstante.

Im stationären Zustand ist $F_1 = F_2 = F_3 = F$, sodass mit den Gl. 5.6 bis 5.8 C_i und C_o berechnet werden können:

$$C_i = \frac{C^*}{1 + \frac{k_s}{C_i^*}\left(1 + \frac{k_s x_o}{D}\right)} \approx \frac{C^*}{1 + \frac{k_s x_o}{D}} \tag{5.9}$$

$$C_o = \frac{C^*}{1 + \frac{k_s}{h} + \frac{k_s x_o}{D}} \approx C^* \tag{5.10}$$

Die Näherungen auf der rechten Seite resultieren aus der Beobachtung, dass h sehr groß ist.

Mit den Gl. 5.8 und 5.9 folgt für die Oxidationsrate:

$$\frac{dx}{dt} = \frac{F_3}{N} = \frac{F}{N} = \frac{k_S \times C^*/N}{1 + \frac{k_s}{h} + \frac{k_s x_o}{D}} \tag{5.11}$$

In Gl. 5.11 ist N die Dichte der Oxidantenmoleküle in der Oxidschicht.

Die Anzahl der SiO_2-Moleküle im Siliziumoxid beträgt $2{,}2 \times 10^{22}$ cm^{-3}, wobei ein O_2-Molekül in jedem SiO_2-Molekül enthalten ist. Für N ergibt sich damit für eine trockene Sauerstoffatmosphäre $2{,}2 \times 10^{22}$ cm^{-3}. Bei der Feuchtoxidation sind zwei H_2O-Moleküle an der Bildung eines SiO_2-Moleküls beteiligt, sodass für $N = 4{,}4 \times 10^{22}$ cm^{-3} folgt.

Aus der Integration der Gl. 5.11

$$N \int_{x_i}^{x_o} \left[1 + \frac{k_s}{h} + \frac{k_s x}{D} \right] dx = k_s C^* \int_0^t dt$$

mit x_i für anfängliche Oxiddicke und x_o für Enddicke

folgt:

$$\frac{x_o^2 - x_i^2}{B} + \frac{x_o - x_i}{B/A} = t \tag{5.12}$$

mit

$$B = \frac{2DC^*}{N} \tag{5.13}$$

und

$$\frac{B}{A} = \frac{C^*}{N\left(\frac{1}{k_s} + \frac{1}{h} \right)} \approx \frac{C^* k_s}{N}. \tag{5.14}$$

Formt man Gl. 5.12 in der folgenden Weise um

$$\frac{x_o^2}{B} + \frac{x_o}{B/A} = t + \tau, \tag{5.15}$$

erhält man für

$$\tau = \frac{x_i^2 + A x_i}{B},$$

wobei x_i die Dicke einer bereits vor Beginn der Oxidation vorhandenen Oxidschicht ist und τ die damit verbundene Zeit darstellt.

Die Lösung der parabolischen Gl. 5.15 ermöglicht die Berechnung der Oxiddicke x_o in Abhängigkeit von der Oxidationszeit:

$$x_o = \frac{A}{2} \left\{ \sqrt{1 + \frac{t + \tau}{A^2/4B}} - 1 \right\} \qquad (5.16)$$

Anhand Gl. 5.16 lassen sich zwei Bereiche unterscheiden: Für ausreichend dünne Oxidationsschichten kann der quadratische Term vernachlässigt werden. Es gilt dann:

$$x_o \approx \frac{B}{A}(t + \tau) \qquad (5.17)$$

Diese Beziehung wird als lineares Wachstumsgesetz, das Verhältnis B/A als lineare Wachstumskonstante bezeichnet.

Für kurze Oxidationszeiten bzw. dünne SiO_2-Filme bestimmt die Reaktionsrate an der SiO_2-Si-Grenzfläche die Oxidationsgeschwindigkeit.

Für ausreichend dicke Oxidschichten reduziert sich Gl. 5.15 zu

$$x_o \approx \sqrt{Bt} \qquad (5.18)$$

Dieser Ausdruck wird als parabolisches Wachstumsgesetz und B als parabolische Wachstumskonstante bezeichnet. Hier bestimmt die Diffusion des Oxidanten durch das bereits vorhandene Oxid die Oxidationsgeschwindigkeit.

Wenn keine der oben angenommenen Bedingungen erfüllt ist, muss mit Gl. 5.16 gerechnet werden.

Gleichung (5.18) kann auch als

$$\frac{dx_0}{dt} = B/2x_0$$

geschrieben werden, woraus hervorgeht, dass die Oxidationsrate (Oxidations-geschwindigkeit) mit zunehmender Schichtdicke abnimmt.

Die Abb. 5.4 verdeutlicht schematisch die Abhängigkeit des SiO_2-Wachstums für kurze (Gl. 5.17) und lange (Gl. 5.18) Oxidationszeiten.

5.1.1.2 Oxidationssysteme

Die thermische Oxidation von Silizium erfolgt üblicherweise in einem Horizontal- oder Vertikalofen (Abb. 5.5, 5.6, 5.7 und 5.8). Derartige Anlagen bestehen aus den Einheiten

- Ofen mit drei bis vier Quarzrohren (horizontal) bzw. einem Quarzrohr (vertikal),
- Beschickungseinheit mit Ladestation,
- Gasversorgung,
- Abgasabsaugung,
- Prozesssteuerung.

Das hochreine Quarzrohr bildet den Reaktionsraum für den Oxidationsprozess. Dazu werden die Siliziumscheiben mittels der Beschickungseinheit aus der Ladestation erschütterungsfrei mit definierter Geschwindigkeit in das Prozessrohr eingefahren. Es

Abb. 5.4 Schematische
Darstellung des SiO$_2$-
Schichtwachstums mit der Zeit
bei der thermischen Oxidation
von Silizium

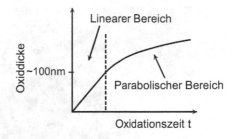

Abb. 5.5 Photographie eines Horizontalofens (Ladestation mit Beschickungseinheit) mit vier Rohren

können bis zu etwa 200 Wafer (horizontal) bzw. bis etwa 150 Wafer (vertikal) gleichzeitig oxidiert werden. In der Gasversorgungseinheit werden die Prozessgasflüsse eingestellt, gemischt und gefiltert und in den Reaktionsraum (Quarzrohr) eingeleitet. Hier befinden sich auch die Brennkammern für die Erzeugung von pyrogenem Wasserdampf für die Feuchtoxidation, der durch eine Knallgasreaktion (Reaktion von H$_2$ mit O$_2$) erzeugt wird.

Die überschüssigen Prozessgase und Reaktionsprodukte werden in eine Gasabsaugung eingeleitet. Die rechnergestützte Prozesssteuerung kontrolliert den Prozessablauf und ist mit einem zentralen Rechner verbunden, von dem die verschiedenen Prozesse abgerufen werden können.

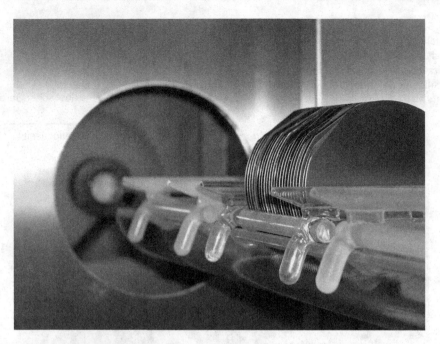

Abb. 5.6 Wafer im Quarzglasboot vor dem Beschicken des Oxidationsrohrs

Abb. 5.7 Schematischer
Aufbau eines Vertikalofens

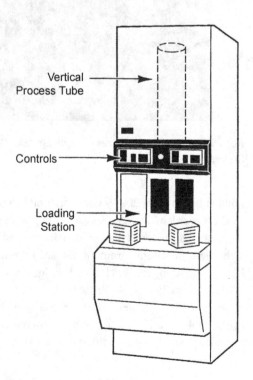

Abb. 5.8 Photographie eines
Vertikalofens

Horizontalöfen werden bis zu einer Wafergröße von 150 mm eingesetzt. Darüber
kommen Vertikalöfen zum Einsatz, die gegenüber Horizontalöfen einige wesentliche
Vorteile bieten:

- Verbesserte Temperaturuniformität durch Rotation der Wafer im Rohr → bessere
  Schichtdickenuniformität
- Annähernd laminare Strömung des oxidierenden Gases → bessere Prozessuniformität
- Geringere Kontamination der Wafer durch Partikel → höhere Ausbeute
- Geringerer Reinraumflächenbedarf → „small footprint" (nur Ladestation innerhalb
  des Reinraums)

5.1.1.3 Oxidationsrate

Unter Oxidationsrate versteht man die Oxidwachstumsgeschwindigkeit (nm/h, µm/h). In
den Abb. 5.9 und 5.10 ist die Oxiddicke als Funktion der Oxidationszeit bei trockener
bzw. feuchter Oxidation dargestellt, anhand derer die Oxidationsrate bestimmt werden
kann.

Da die Oxidationsraten in trockenem Sauerstoff sehr gering sind (Abb. 5.9), wird die
Trockenoxidation nur für dünne Oxidschichten (<200 nm) eingesetzt. Dickere Oxide
werden durch Feuchtoxidation erzeugt (Abb. 5.10).

Die prinzipielle Ursache für die wesentlich höhere Oxidationsrate bei der Feuchtoxidation ist die gegenüber trockenem O_2 viel höhere Löslichkeit C^* von H_2O in SiO_2.

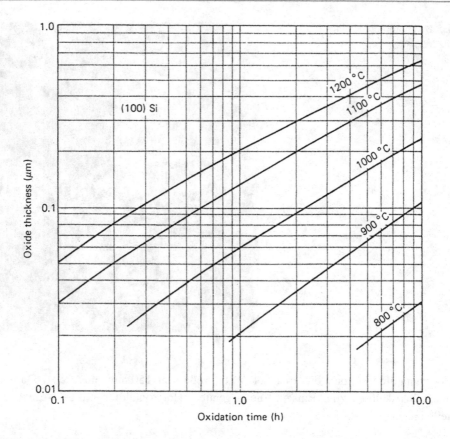

Abb. 5.9 Oxiddicke als Funktion der Zeit bei trockener Oxidation von (100)-Si

So nimmt *C bei 1100 °C für trockenen Sauerstoff einen Wert von etwa 5×10^{16} cm^{-3} und für H$_2$O von etwa 3×10^{19} cm^{-3} an. Folglich sind die beiden Konstanten B und B/A (Gl. 5.13 und 5.14) für die Feuchtoxidation sehr viel größer als für die Trockenoxidation.

5.1.1.4 Oxidationsbedingte Umverteilung der Dotieratome

Bei der thermischen Oxidation wird Silizium verbraucht, die oberflächennahen Schichten werden in SiO$_2$ umgewandelt. Die in dieser Schicht enthaltenen Dotieratome werden nun entweder bevorzugt in die SiO$_2$-Schicht oder in das benachbarte Silizium eingebaut. Dieses Verhalten wird durch den Segregationskoeffizienten m ausgedrückt:

$$m = \frac{\text{Gleichgewichtskonzentration des Dotierstoffs in Si}}{\text{Gleichgewichtskonzentration des Dotierstoffs in SiO}_2}$$

Abhängig davon, ob m kleiner 1 (z. B. m $\approx$ 0,3 für B) oder größer 1 (z. B. m $\approx$ 10 für P, Sb und As) ist, tritt eine Anreicherung des Dotierstoffs in der SiO$_2$-Schicht oder im Silizium ein (Abb. 5.11).

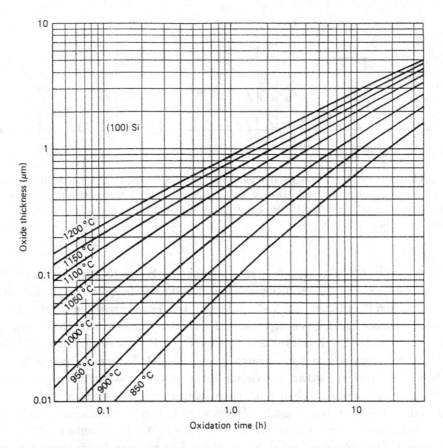

Abb. 5.10 Oxiddicke als Funktion der Zeit bei feuchter Oxidation von (100)-Si

5.1.1.5 Einflüsse auf die thermische Oxidation von Silizium

Einfluss der Kristallorientierung

Die Abhängigkeit der Oxidationsrate von der Scheibenorientierung beruht auf zwei Faktoren: a) der Anzahl der Si-Bindungen je cm² Si-Oberfläche mit bestimmter kristallographischer Orientierung und b) der Richtungsabhängigkeit der Aktivierungsenergie, die für die Oxidationsreaktion notwendig ist. Für Oxiddicken oberhalb 15 nm gilt für die Oxidationsraten r (siehe dazu auch die Abb. 5.9 und 5.10):

$$r_{<111>} > r_{<110>} > r_{<100>}$$

Einfluss von Fremdstoffen

Hier muss zwischen unerwünschten und gezielt eingebrachten Fremdstoffen unterschieden werden.

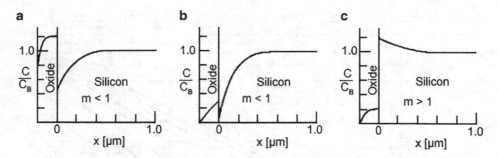

Abb. 5.11 Veränderung der Dotierstoffverteilung an der Si-SiO$_2$-Grenzfläche bei der thermischen Oxidation von Silizium. **a** m < 1 (Bor), z. B. Trockenoxidation; **b** m < 1 (Bor), z. B. Feuchtoxidation; **c** m > 1 (Phosphor), z. B. Trockenoxidation. C$_B$ Grunddotierung, C Dotierungsdichte in Abhängigkeit von x

Ein unerwünschter Fremdstoff (Verunreinigung) ist beispielsweise Wasser bei der Trockenoxidation, das die Oxidationsrate unkontrollierbar beeinflusst und das SiO$_2$-Netzwerk durch die Bildung von Si–OH-Gruppen (Aufbrechen von Sauerstoffbrücken) verändert. Ursache für den Wassergehalt in der Oxidationsatmosphäre können wasser- bzw. wasserstoffhaltige Fremdstoffe (insbesondere CH$_4 \rightarrow$ Methan) sein, die dem Sauerstoff beigemischt sind. Eine weitere äußerst störende Verunreinigung ist Na, das bei hohen elektrischen Feldern zur Grenzschicht Si/SiO$_2$ wandert und zur Instabilität der elektronischen Eigenschaften der Grenzschicht führt. Die Konzentration von Na muss deshalb so gering wie möglich gehalten werden, was durch den gezielten Zusatz von chlorhaltigen Gasen (HCl, Trichlorethylen → TCA, Trichlorethan → C33) zur oxidierenden Atmosphäre gelingt (1 bis 5 Vol-%). Chlorhaltige Zusätze bewirken eine Reduzierung der Na$^+$-Ionen, eine Verringerung der Grenzflächenzustandsdichte, eine Erhöhung der Durchbruchfeldstärke und eine Getterung von Fremdatomen. Chlorhaltige Verbindungen bewirken bei der Trockenoxidation eine Erhöhung der Oxidationsrate, bei der Feuchtoxidation eine Verringerung (1–5 %).

Weitere Einflüsse
Eine Erhöhung des Drucks der oxidierenden Atmosphäre bewirkt eine Zunahme der Oxidationsgeschwindigkeit. Zusätzlich bewirkt eine höhere Dotierungsdichte einen Anstieg der Oxidationsrate.

5.1.1.6 Brechungsindex und mechanische Eigenschaften von SiO$_2$

Siliziumoxid hat im sichtbaren Bereich einen nahezu konstanten Brechungsindex von etwa 1,46 (Abb. 5.12), der relativ einfach und zerstörungsfrei gemessen werden kann und von der Dichte und der Stöchiometrie der Isolatorschicht, also letztlich von der Schichtqualität bzw. den Prozessbedingungen abhängt. Die Messung des Brechungs-

Abb. 5.12 Brechungsindex von SiO$_2$ über der Wellenlänge λ

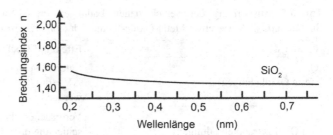

Tab. 5.4 Kenngrößen von SiO$_2$ im Vergleich mit Si <111> bei Raumtemperatur

Kenngröße	Si<111>	SiO$_{2\,\text{thermisch}}$
E-Modul E [10^7 N/cm^2]	1,88	0,73
Querkontraktionszahl ν	0,18	0,19
Längenausdehnungskoeffizient α [10^{-6} K^{-1}]	2,6	0,5
Wärmeleitfähigkeit [W/(cmK)]	1,57	0,014

index wird im Allgemeinen mit einem Ellipsometer vorgenommen, das auch zur Schichtdickenbestimmung (vorrangig von dünnen SiO$_2$-Schichten) eingesetzt wird.

Die mechanischen Eigenschaften von SiO$_2$-Schichten sind im Vergleich zum Brechungsindex wesentlich schwieriger zu bestimmen. In der Mikrosystemtechnik interessieren vor allem der E-Modul E, die Querkontraktionszahl ν, der thermische Ausdehnungskoeffizient α und die Wärmeleitfähigkeit. Da diese Kenngrößen mit den Herstellungsbedingungen variieren, sind die in Tab. 5.4 aufgeführten Zahlen als Richtwerte zu betrachten.

Ein besonderes Problem stellen die mechanischen Spannungen in thermischen Oxidschichten dar. Die nach außen wirksame mechanische Spannung setzt sich aus der intrinsischen Spannung σ_i und der thermischen Spannung σ_{th} zusammen:

$$\sigma = \sigma_i + \sigma_{th}$$

Die intrinsische Spannung σ_i entsteht während des Schichtwachstums. Ausgelöst werden diese Spannungen durch die Fehlanpassung der Gitterstruktur von SiO$_2$ und Si bzw. durch die damit einhergehende Volumenexpansion (Si-Atom: 20 Å^3, SiO$_2$-Molekül: 45 Å^3). Die thermische Spannung σ_{th} resultiert aus den verschiedenen Ausdehnungskoeffizienten von Silizium und SiO$_2$. Es gilt:

$$\sigma_{th} = (\alpha_s - \alpha_f)(T_{th} - T_g)\frac{E_f}{1 - \nu_f} \tag{5.19}$$

α_S Ausdehnungskoeffizient von Si
α_f Ausdehnungskoeffizient der Oxidschicht
T_{th} Temperatur, für welche σ_{th} berechnet werden soll
T_g Oxidationstemperatur

Tab. 5.5 Auswirkung der verschiedenen Ladungen im Si-SiO$_2$-System auf die Kapazität-Spannung(CV)-Kurve eines Metal-Oxide-Semiconductor(MOS)-Kondensators

Ladungstyp	Effekt auf Hochfrequenz-CV-Kurve
Q_f (feste Oxidladungen)	Laterale Verschiebung der CV-Kurve um $\Delta V = qQ_f/C_{ox}$. Aus ΔV kann Q_f bestimmt werden
Q_{ot} (im Oxid getrappte Ladungen)	Verursachen ebenfalls eine laterale Verschiebung der CV-Kurve
Q_{it} (an der Grenzfläche Si/SiO$_2$ getrappte Ladungen)	Führen zu einer Verzerrung der CV-Kurve, die von der Dichte und energetischen Lage der Q_{it}-Traps abhängt A → Grenzschichtzustände nahe E_c B → Grenzschichtzustände nahe der Bandmitte C → Grenzschichtzustände nahe E_v
Q_m (mobile Oxidladungen)	Anwendung der Bias-Temperature-Stressing(BTS)-Methode: • Hochfrequenz-CV-Messung bei Raumtemperatur • Aufheizen auf 200 °C unter Direct-Current-Bias am Gate (Na$^+$ und K$^+$ werden mobil und driften zu einer der Grenzflächen) • Abkühlen unter DC-Bias und Messung der CV-Kurve Die resultierende Verschiebung der CV-Kurve ist proportional zu Q_m

E_f E-Modul von SiO$_2$

v_f Querkontraktionszahl von SiO$_2$

Aufgrund von $\alpha_S > \alpha_f$ und $(T_{th} - T_g) < 0$ ist bei Raumtemperatur $\sigma_{th} < 0$, d. h. die Oxidschicht steht unter Kompressionsspannungen (Abb. 5.13). Die Spannungen liegen bei Raumtemperatur bei 2 bis $4 \times 10^4\,\text{N/cm}^2$ (Kompressionsspannungen; Abb. 5.14). Es besteht deshalb während der Oxidation bzw. bei der Abkühlung die Gefahr der Versetzungsbildung im Silizium.

Die in der Schicht vorhandenen Spannungen verursachen eine Durchbiegung D des Wafer, die sich entsprechend

$$D = 3\left(\frac{R}{d_s}\right)^2 d_f\sigma\frac{1 - v_s}{E_s}$$

berechnen lässt.

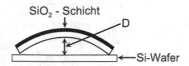

Abb. 5.13 Durchbiegung eines Si-Wafers aufgrund von mechanischen Spannungen bei einer einseitig vorhandenen Oxidschicht

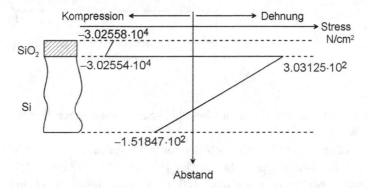

Abb. 5.14 Schematische Darstellung der Spannungsverhältnisse in einem einseitig oxidierten Si-Wafer. $d_f = 0{,}5$ μm, $d_S = 200$ μm, Oxidationstemperatur 1200 °C

R   Waferradius
d_S Waferdicke
d_f Dicke der SiO_2-Schicht
σ   Mechanische Spannung in der Schicht (entspricht etwa Gl. 5.19)
E_S E-Modul von Si
v_S Querkontraktionszahl von Si

5.1.1.7 Elektrische Eigenschaften

Die Si-SiO$_2$-Grenzfläche weist einen Übergangsbereich bezüglich der Stöchiometrie und der Anordnung der Atome zwischen dem einkristallinen Silizium und dem amorphen Siliziumoxid auf. Dieser Übergangsbereich, wie die eigentliche SiO_2-Schicht, enthält verschiedene Ladungen und Zustände. Im Prinzip existieren in dem System Si/SiO$_2$ vier Typen von Ladungen und Trap-Zuständen: feste Oxidladungen Q_f, mobile Oxidladungen Q_m, durch Grenzflächenzustände getrappte Ladungen Q_{it} und im Oxid getrappte Ladungen Q_{ot} (Abb. 5.15).

Feste Oxidladungen Q_f (meist positiv) resultieren aus der nichtstöchiometrischen SiO_2-Struktur im Übergangsbereich (≈ 3 nm dick) der Si-SiO$_2$-Grenzfläche. Q_f liegt zwischen 10^{10} cm^{-2} bis 10^{12} cm^{-2}. Die Ladungen Q_f können nicht entladen oder wieder geladen werden. Q_f kann als Flächenladung an der Si-SiO$_2$-Grenzfläche angenommen

Abb. 5.15 Bezeichnung und Lokalisierung der Ladungen und Zustände in thermisch oxidiertem Silizium

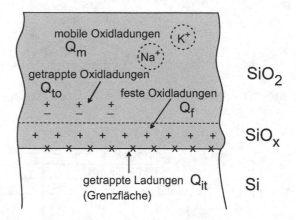

werden und ist bei (100)-Si kleiner als bei (111)-Si. Q_f kann durch Ionenimplantation kompensiert werden.

Mobile Oxidladungen Q_m werden gebildet von Alkaliionen wie Na^+, K^+, Li^+ und Cs^+ und negativen Metallionen. Die Dichte beträgt $10^{10}\,cm^{-2}$ bis $10^{12}\,cm^{-2}$. Die Ladungen Q_m können bereits bei Temperaturen unter 100 °C in einem elektrischen Feld driften und zu Instabilitäten führen.

Die in der Grenzschicht getrappten Ladungen Q_{it} haben ihren Ursprung in strukturellen Defekten, metallischen Verunreinigungen, Strahlungsschäden oder ähnlich bindungszerstörenden Prozessen. In der Grenzschicht getrappte Ladungen haben Zustände innerhalb der Bandlücke von Si und können mit dem darunterliegenden Si wechselwirken. Q_{it} hängt von der Substratorientierung ab.

Im Oxid getrappte Ladungen Q_{ot} können positiv oder negativ geladen sein. Sie entstehen durch strahlungsinduzierte Elektron-Lochpaar-Erzeugung und anschließendes Trapping. Die Dichte von Q_{ot} variiert zwischen $10^9\,cm^{-2}$ und $10^{13}\,cm^{-2}$.

CV-Messmethode

Für die Bestimmung der elektrischen Eigenschaften des Systems Si/SiO_2 hat sich die CV-Messmethode durchgesetzt, die als Teststruktur einen **M**etal-**O**xide-**S**emiconductor(MOS)-Kondensator verwendet (Abb. 5.16).

Abhängig von V_G (Gleichspannung) und der Frequenz der Messspannung erhält man unterschiedliche Kapazität-Spannung-Kurven (CV-Kurven).

Bei der Bestimmung der HF-CV-Kurve wird die Gleichspannung V_G über dem Kondensator linear geändert und dieser Spannung eine Hochfrequenzspannung (typisch 1 MHz) mit einer Amplitude von 10–50 mV überlagert (Abb. 5.17).

Die Entstehung der HF-CV-Kurve des in Abb. 5.16 dargestellten MOS-Kondensators ist in Abb. 5.18 für n-Silizium veranschaulicht.

In Abb. 5.19 sind die CV-Kurven für n-Si für hohe (HF $\rightarrow$ 100 kHz bis 1 MHz) und niedrige (LF $\rightarrow$ < 1 Hz) Frequenzen dargestellt.

Abb. 5.16 Schematische
Darstellung eines Metal-
Oxide-Semiconductor(MOS)-
Kondensators

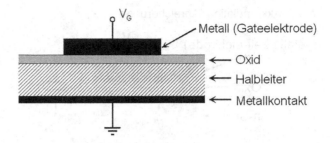

Metall (Gateelektrode)

Oxid

Halbleiter

Metallkontakt

Abb. 5.17 Spannungsrampe
mit Hochfrequenz(HF)-
Messspannung

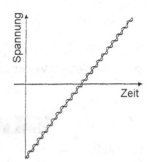

Die in dem Si-SiO_2-System auftretenden Ladungen (s. dazu Abschn. 5.1.1.7) bewirken eine Verschiebung bzw. Verzerrung der CV-Kurve, weil diese Ladungen durch zusätzliche Gateladungen kompensiert werden müssen. Die Abb. 5.20 illustriert diese Effekte im Vergleich mit der idealen HF-CV-Kurve. Die Auswirkungen auf die HF-CV-Kurve der einzelnen Ladungstypen sind in Tab. 5.5 zusammengefasst.

Daraus ist zu ersehen, dass mit CV-Messungen an einem MOS-Kondensator umfangreiche Informationen über die SiO_2-Schicht und die Si-SiO_2-Grenzschicht gewonnen werden können.

Der in diesem Abschnitt betrachtete MOS-Kondensator verwendet als Substratmaterial n-Silizium, ähnliche CV-Kurven ergeben sich für p-Silizium, die aber an der C-Achse gespiegelt sind.

5.1.2 Chemical-Vapor-Deposition-Prozesse

Bei Chemical-Vapor-Deposition(CVD)-Prozessen, bei denen die Schichtabscheidung aus der Gasphase geschieht, werden eines oder mehrere Gase in einen Reaktor eingeleitet, die auf der Substratoberfläche dissoziieren bzw. miteinander chemisch reagieren und so die geforderte Schicht auf dem Substrat bilden ([3], [5–7], [11–23]). Bezüglich der Schicht werden eine uniforme Dicke und eine homogene Zusammensetzung sowie eine bestimmte Reinheit und Struktur erwartet. Dies bedingt nicht nur konstante Reaktionsbedingungen, sondern auch die Unterdrückung von unerwünschten Nebenreaktionen.

a   Akkumulation (Anreicherung von e⁻)

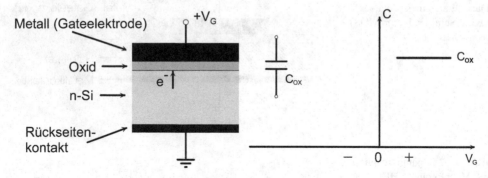

b   Depletion (Verarmung an e⁻)

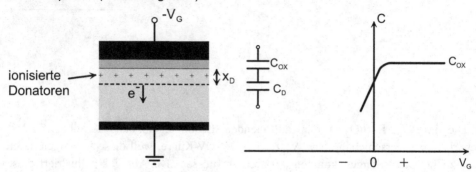

c   Inversion (Ansammlung von Löchern)

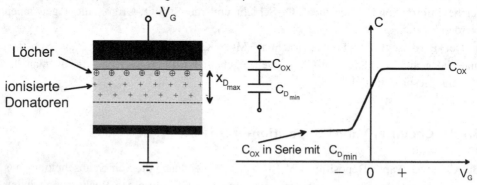

Abb. 5.18 Entstehungsphasen der Hochfrequenz(HF)-Kapazität-Spannung(CV)-Kurve eines Metal-Oxide-Semiconductor(MOS)-Kondensators

Abb. 5.19 Kapazität-
Spannung(CV)-KurveneinesMetal-
Oxide-Semiconductor(MOS)-
Kondensators auf n-Si für
niedrige (LF) und hohe (HF)
Frequenzen

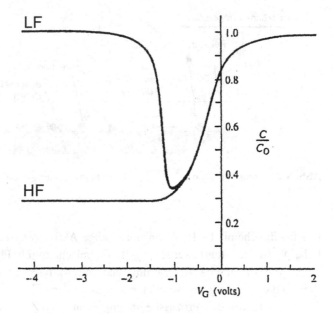

Abb. 5.20 Verschiebung
bzw. Verzerrung der idealen
Hochfrequenz(HF)-Kapazität-
Spannung(CV)-KurveeinesMetal-
Oxide-Semiconductor(MOS)-
Kondensators auf n-Si durch
Ladungen im SiO_2 bzw. an der
n-Si-SiO_2-Grenzfläche. A, B
und C veranschaulichen die
Effekte durch die Ladungen Q_{it}
an der Si-SiO_2-Grenzfläche

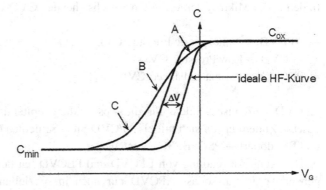

Insbesondere dürfen die Gase nur auf der Substratoberfläche miteinander reagieren
(Heteroreaktion) und nicht in der Gasphase (Homoreaktion), um die Entstehung von
Partikeln auszuschließen.

CVD-Prozesse laufen in einer Anzahl aufeinanderfolgender Einzelschritte ab
(Abb. 5.21):

a) Einleitung einer bestimmten Mischung aus Reaktions- und Trägergasen in den
   Reaktor
b) Diffusion der Reaktantenmoleküle aus dem Hauptgasstrom durch die Grenzschicht
c) Adsorption der Reaktantenmoleküle auf der Substratoberfläche
d) Oberflächenprozesse wie Dissoziation, chemische Reaktion, Oberflächendiffusion
   und Schichtformation
e) Desorption und Ableitung der Reaktionsnebenprodukte

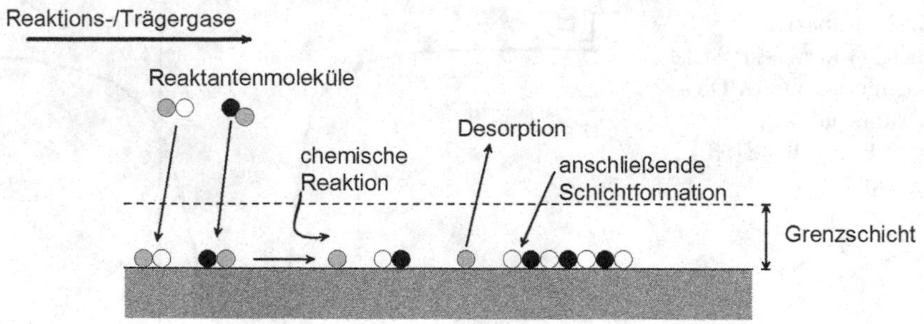

Abb. 5.21 Reaktionsschritte bei der Schichtabscheidung durch Chemical Vapor Deposition (CVD)

Die für die chemische Reaktion notwendige Aktivierungsenergie kann auf unterschiedliche Weise zugeführt werden (z. B. thermisch, durch Photonen, durch Elektronen), wobei die thermische Aktivierung und die Aktivierung durch Elektronen in einem Plasma die vorrangig angewendeten Methoden darstellen.

Abhängig von den Prozessbedingungen und der Zuführung der Aktivierungsenergie finden in der Mikrosystemtechnik die nachstehenden CVD-Prozesse Anwendung:

- APCVD → Atmospheric Pressure CVD
- LPCVD → Low Pressure CVD
- PECVD → Plasma Enhanced CVD

APCVD wird insbesondere für die Abscheidung epitaktischer Siliziumschichten eingesetzt. Zudem lassen sich mittels APCVD SiO_2-Schichten (undotiert bzw. mit Phosphor und Bor dotiert → PSG, BPSG) herstellen.

Die breite Anwendung von LPCVD und PECVD hat den Einsatz von APCVD weitgehend verdrängt, sodass APCVD nur noch in speziellen Fällen (z. B. Epitaxie → s. Abschn. 5.1.3) eingesetzt wird.

5.1.2.1 Low Pressure Chemical Vapor Deposition

Unter LPCVD versteht man die Abscheidung dünner Schichten (Isolator-, Halbleiter-, Metallschichten mit einer Schichtdicke <1 µm) aus der Gasphase bei Drücken zwischen etwa 10 Pa und 100 Pa. In Abb. 5.22 ist schematisch der Aufbau eines horizontalen LPCVD-Reaktors (für Waferdurchmesser bis etwa 150 mm) dargestellt. Für größere Waferdurchmesser werden vertikale Reaktoren eingesetzt, deren Aufbau einem vertikalen Oxidationsofen entspricht. Diese Bauarten von LPCVD-Reaktoren werden auch als Heißwand-Reaktoren („hotwall reactors") bezeichnet. Die Abb. 5.23 zeigt die Lade- und Beschickungsstation eines horizontalen LPCVD-Systems. Die Aktivierungsenergie wird in diesem Fall durch Wärmeenergie zugeführt.

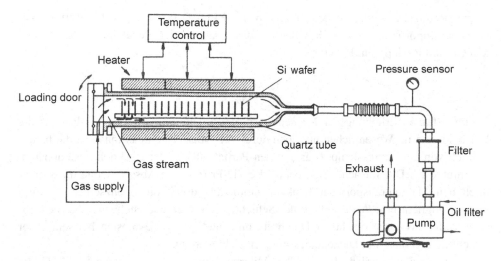

Abb. 5.22 Schema eines horizontalen Low-Pressure-Chemical-Vapor-Deposition(LPCVD)-Reaktors („hotwall reactor")

Abb. 5.23 Photographie der Lade-/Entladeseite eines Low-Pressure-Chemical-Vapor-Deposition(LPCVD)-Systems

Die Reduzierung des Arbeitsdrucks beim LPCVD-Prozess führt aufgrund der inversen Proportionalität zwischen der Diffusionsrate D der Reaktantenmoleküle und dem Gesamtdruck p_{tot} im Reaktor

$$D \sim \frac{1}{p_{tot}}$$

zu einer starken Erhöhung der Massentransportrate, sodass beim LPCVD-Prozess die Abscheiderate im Wesentlichen nur noch durch die Oberflächenreaktionsrate, die hauptsächlich von der Prozesstemperatur und den Partialdrücken der Reaktionsgase abhängt, bestimmt wird. Die Tatsache, dass beim LPCVD-Prozess die Abscheiderate nicht mehr durch den Massentransport der Reaktantenmoleküle durch die Grenzschicht limitiert wird, ermöglicht eine Abscheidung der Schichten auf senkrecht stehende, eng benachbarte Wafer, wodurch ein hoher Durchsatz und niedrige Prozesskosten bei sehr guter Schichthomogenität und Dickenuniformität erreicht werden.

Im Folgenden werden die für die Mikrosystemtechnik bedeutendsten LPCVD-Prozesse für die Abscheidung von Polysilizium, Siliziumoxid (undotiert und dotiert) und Siliziumnitrid (Si_3N_4) diskutiert.

Polykristallines Silizium

Polykristallines Silizium (Polysilizium oder Poly) wird üblicherweise durch Silanpyrolyse abgeschieden:

$$SiH_{4(g)} \xrightarrow{T} Si_{(s)} + 2H_{2\,(g)}$$

Typische Prozesstemperaturen liegen zwischen 580 und 650 °C, der Silanpartialdruck beträgt etwa 30 Pa. Die Korngröße wird durch die Abscheidebedingungen bestimmt und beträgt für übliche Prozessbedingungen (620 °C, 30 Pa) etwa 10 nm. Unterhalb einer Prozesstemperatur von 590 °C werden die Schichten amorph.

Die Dotierung der Schichten kann während der Abscheidung (in situ), durch Diffusion oder durch Ionenimplantation vorgenommen werden.

Polysilizium findet beispielsweise in der Mikroelektronik als Gateelektrode bei MOS-Bauelementen Anwendung. In der Mikrosystemtechnik wird Polysilizium vor allem in der Oberflächenmikromechanik („surface micromachining") für die Realisierung von Mikrosensoren und Mikroaktuatoren eingesetzt.

Siliziumdioxid

Low Temperatur Oxide (LTO), auch als Vapox, Pyrox oder Silox bezeichnet, kann durch die Oxidation verschiedener siliziumhaltiger Reaktionsgase abgeschieden werden. Der am häufigsten verwendete Prozess ist die Silanoxidation:

$$SiH_{4(g)} + O_{2(g)} \xrightarrow{T} SiO_{2\,(s)} + 2H_{2(g)}$$

Dieser Prozess wird typischerweise bei Temperaturen zwischen 400 und 450 °C und Drücken von etwa 20 Pa durchgeführt.

Der herausragende Vorteil der Silanoxidation ist die niedrige Prozesstemperatur, die ein Abscheiden der Schichten auf mit Al metallisierte Wafer erlaubt. Im Vergleich mit thermischem SiO_2 hat LTO eine geringere Dichte, eine niedrigere Durchbruchfeldstärke und einen niedrigeren Brechungsindex (~1,44), also insgesamt eine geringere Qualität. Tempern bei etwa 1000 °C in O_2 führt zu einer Erhöhung der Dichte und einer Verbesserung der elektrischen Eigenschaften.

Ein andere Methode zur Herstellung von SiO_2-Schichten ist der TEOS-Prozess, der auch einen LPCVD-Prozess darstellt. Die Ausgangsverbindung ist dabei Tetraethylorthosilikat (TEOS), das bei Temperaturen zwischen 650 und 750 °C unter Bildung von SiO_2 zerfällt, gemäß

$$Si(OC_2H_5)_{4(g)} \xrightarrow{T} SiO_{2(s)} + \text{Reaktionsprodukte}$$

TEOS wird durch Verdampfen aus einer Flüssigquelle erzeugt (geringeres Gefahrenpotenzial als bei Silanprozessen). Die Vorteile der unter Verwendung von TEOS abgeschiedenen SiO_2-Schichten sind exzellente Schichtdickenuniformität, gute Kantenbedeckung und gute Schichteigenschaften.

Dotiertes Low Temperature Oxide

Phosphorsilikatglas
LTO kann dotiert werden, indem man dem Reaktionsgasgemisch ein Dotiergas beimischt. Der Zusatz von Phosphin (PH_3) zum Reaktionsgasgemisch führt zur Bildung von P_2O_5, das in die LTO-Schicht eingebaut wird und so zur Bildung von Phosphorsilikatglas (PSG) führt.

Beteiligte Reaktionen:

$$SiH_{4(g)} + O_{2(g)} \xrightarrow{T} SiO_{2(s)} + 2H_{2(g)}$$

$$4PH_{3(g)} + 5O_{2(g)} \rightarrow 2P_2O_{5(s)} + 6H_{2(g)}$$

PSG findet vorwiegend Anwendung als Isolierschicht zwischen Metallisierungsebenen und als Passivierungsschicht. Der eingelagerte Phosphor reduziert nicht nur den mechanischen Stress in der Schicht, er gettert auch Alkaliionen, die zu Bauelementinstabilitäten führen können. PSG wird weich und fließt bei 1000–1100 °C. Diese Eigenschaft kann zur Planarisierung der Oberflächentopographie von Bauelementen genutzt werden, um eine gute Kantenbedeckung bei der Metallisierung zu erzielen.

PSG wird aber auch häufig in der Oberflächenmikromechanik („surface micromachining") als Dotierquelle und Opferschicht („sacrificial layer) eingesetzt.

Borophosphorsilikatglas

Im Vergleich zu PSG können mit Borophosphorsilikatglas (BPSG) Glasfließtemperaturen bis herunter zu etwa 700 °C erreicht werden. Durch den Zusatz von B_2H_6 (Diboran) zum PSG-Gasgemisch bildet sich ein ternäres Oxidsystem B_2O_3-P_2O_5-SiO_2, BPSG.

BPSG-Schichten finden (ähnlich wie PSG) Anwendung als Isolier-, Passivier- und Planarisierungsschichten.

LPCVD-Siliziumnitrid

Für die Abscheidung von LPCVD-Si_3N_4 werden Dichlorsilan (SiH_2Cl_2) und Ammoniak (NH_3) eingesetzt, die zwischen 700 und 800 °C und einem Druck von etwa 100 Pa zu Siliziumnitrid (Si_3N_4) reagieren:

$$3SiH_2Cl_{2(g)} + 4NH_{3(g)} \xrightarrow{T} Si_3N_{4(s)} + 6HCl_{(g)} + 6H_{2(g)}$$

LPCVD-Si_3N_4 findet in der Mikrosystemtechnik breite Anwendung als Passivierungsschicht und als Maskierschicht beim anisotropen Nassätzen (z. B. in KOH/H_2O). Es bildet eine äußerst wirksame Barriere gegenüber Alkaliionen und H_2O.

Typische Prozessparameter

Die Eigenschaften von LPCVD-Schichten werden vorwiegend durch die Abscheidebedingungen bestimmt. Zu den wichtigsten Einflussgrößen gehören – bei gegebener Reaktorgeometrie und Reaktionsgaszusammensetzung – folgende Parameter:

- Abscheidetemperatur,
- axiales Temperaturprofil,
- Scheibenanzahl,
- Scheibenabstand,
- Gasflüsse,
- Gesamtdruck.

In Tab. 5.6 sind typische Prozessparameter für die Abscheidung von polykristallinem Silizium (Poly), Siliziumnitrid (Si_3N_4), Phosphorsilikatglas (PSG) und Borophosphorsilikatglas (BPSG) zusammengestellt.

5.1.2.2 Plasma Enhanced Chemical Vapor Deposition

Ungleich dem LPCVD-Prozess, bei dem die Zuführung der erforderlichen Aktivierungsenergie thermisch vor sich geht, verwendet das Plasma-Enhanced-Chemical-Vapor-Deposition(PECVD)-Verfahren eine HF-Glimmentladung zur Aktivierung. Die dabei auftretende Wechselwirkung der hochenergetischen Elektronen im Plasma mit den Reaktantenmolekülen erzeugt angeregte Moleküle (oder Atome), neutrale und ionisierte Fragmente aufgebrochener Moleküle. Diese werden auf der Substratoberfläche

Tab. 5.6 Typische Prozessparameter für verschiedene Low-Pressure-Chemical-Vapor-Deposition(LPCVD)-Prozesse

Schicht	T [°C]	p [Pa]	Reaktionsgase	Abscheiderate [nm/min]
Si_3N_4	730	85	SiH_2Cl_2, NH_3	2,5
Poly	615	30	SiH_4 (100 %)	9
LTO (SiO_2)	430	20	SiH_4 (100 %), O_2	8
TEOS (SiO_2)	650–670	25	$Si(OC_2H_5)_4$	15
PSG	430	20	SiH_4 (100 %), O_2,	8
BPSG	430	20	PH_3 (verdünnt)	8
			SiH_4 (100 %), O_2,	
			PH_3 und B_2H_6 (verdünnt)	

adsorbiert, wo sich durch Oberflächendiffusion, gegenseitige Wechselwirkung und chemische Reaktion die Schicht bildet. Zusätzlich kann ein Beschuss der Substratoberfläche durch Elektronen und Ionen stattfinden, was sich ebenfalls auf den Schichtformierungsprozess auswirkt. Weil die Aktivierung nicht thermisch erfolgt, verläuft der Prozess bei vergleichsweise niedrigen Temperaturen (typisch 200 °C bis 350 °C).

PECVD zählt zu den Standardprozessen der Mikrosystemtechnik. Das Verfahren hat vor allem bei der Abscheidung von amorphem Silizium-, Siliziumnitrid-, Siliziumoxynitrid ($Si_xO_yN_z$) und Siliziumoxidschichten Bedeutung erlangt. Ausgangsverbindungen für diese Schichten sind vorzugsweise Silan (SiH_4), Ammoniak (NH_3) und Distickstoffoxid (N_2O).

Plasmanitridschichten wirken als Barriere gegen Na^+-Ionen und Feuchte. Ein Hauptanwendungsgebiet ist deshalb die Passivierung von Halbleiterbauelementen. PECVD-Siliziumoxidschichten werden bevorzugt als Isolierschicht und in Verbindung mit Plasmanitridschichten für Mehrschichtpassivierungen eingesetzt. Von besonderer Bedeutung sind hier die niedrigen Prozesstemperaturen, die eine Abscheidung auf bereits Al-metallisierte Wafer zulassen.

PECVD-Siliziumnitrid-, Siliziumoxynitrid- und Siliziumoxidschichten werden in der Mikrosystemtechnik eingesetzt als:

- Ätzmaske beim anisotropen Ätzen,
- freitragende Membranstrukturen,
- Isolationsschichten,
- Passivierungsschichten,
- Absorptionsschichten.

Folgende Anlagenkonzepte (Reaktoren) sind derzeit in der Mikrosystemtechnik im Einsatz: kreisförmige Parallelplattenreaktoren („pan cake reactor") und Horizontalrohrreaktoren.

Abb. 5.24 Prinzip eines
Parallelplattenreaktors („pan
cake reactor")

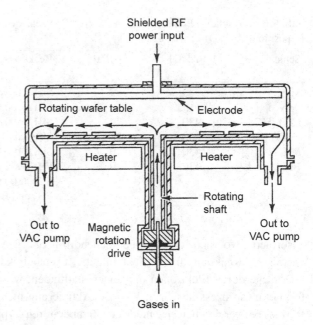

Das Prinzip eines Parallelplattenreaktors zeigt Abb. 5.24. Die obere Elektrode ist über ein Abgleichnetzwerk mit einem HF-Generator verbunden. Auf der Gegenelektrode liegen die zu beschichtenden Substrate. Diese Elektrode ist mit Masse verbunden und führt während der Abscheidung eine Drehbewegung aus. Die Substrate werden durch eine Widerstandsheizung aufgeheizt. In der Mitte des Reaktors strömt das Gasgemisch in den vorher evakuierten Rezipienten ein und verteilt sich radial zwischen den Elektroden. Durch die anliegende HF-Spannung wird das Gas zwischen den Elektroden zu einer Glimmentladung gebracht. Es entsteht ein Niederdruckplasma, durch das die Abscheidereaktion aktiviert wird. Flüchtige Reaktionsprodukte und nicht verbrauchte Gase werden abgepumpt (Abb. 5.25).

Horizontalreaktoren unterscheiden sich von Plattenreaktoren dadurch, dass der Reaktionsraum aus einem Quarzrohr besteht und die Substrate vertikal in einem Boot angeordnet sind (Abb. 5.26). Die Graphitelektroden sind so an die HF-Spannung angeschlossen, dass jeweils zwischen zwei benachbarten Elektroden eine Glimmentladung entsteht (Abb. 5.27). Die Aufheizung der Substrate wird, wie bei Diffusionsöfen üblich, durch eine Mehrzonenwiderstandsheizung vorgenommen. Rohrreaktoren erlauben einen höheren Durchsatz und vermeiden weitgehend eine Beeinträchtigung der Schichten durch sich von den Elektroden lösende Flitter und Partikel.

Die Abscheideraten und die Schichteigenschaften werden bei beiden Reaktoren primär durch folgende Einflussgrößen bestimmt:

- Substrattemperatur,
- Gaszusammensetzung,

Abb. 5.25   Photographie eines Parallelplattenreaktors

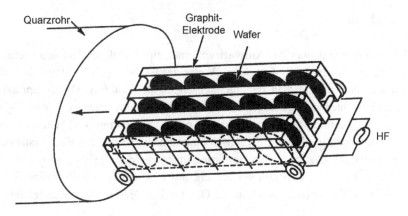

Abb. 5.26   Horizontalrohrreaktor (Prinzip)

- Gasflüsse,
- Druck im Reaktor,
- HF-Leistung.

Der (stöchiometrisch) nicht selbstjustierende Prozess der PECVD-Technik macht eine genaue Kontrolle dieser Parameter unumgänglich.

Typische Prozessparameter für einen Parallelplattenreaktor sind in Tab. 5.7 aufgeführt.

Abb. 5.27 Anordnung der
Elektroden und Substrate in
einem Horizontalrohrreaktor
(schematischer Querschnitt)

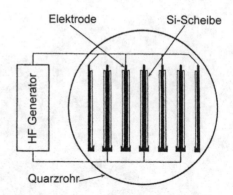

Tab. 5.7 Typische Prozessparameter bei der Abscheidung von Siliziumnitrid und Siliziumoxid durch Plasma Enhanced Chemical Vapor Deposition (PECVD) in einem Parallelplattenreaktor

Schicht	HF-Leistung [W]	Temperatur [°C]	Druck im Reaktor [Pa]	Reaktionsgasgemisch	Abscheiderate [nm/min]
Siliziumnitrid	500	280	29	$SiH_4/NH_3/N_2$	30
Siliziumoxid	300	280	40	SiH_4/N_2O	55

5.1.3 Epitaxie

Unter Epitaxie versteht man das Aufwachsen einer einkristallinen Halbleiterschicht auf einkristalline Substrate durch **C**hemical **V**apor **D**eposition (CVD). Das Kristallgitter der Substrate setzt sich also in der aufwachsenden Schicht fort. Durch Epitaxie aufgewachsene Schichten werden abgekürzt auch als Epischicht bezeichnet. Abhängig vom Substrat- und Schichtmaterial unterscheidet man zwischen Homo- und Heteroepitaxie.

Als Homoepitaxie wird das Aufwachsen einer einkristallinen Schicht verstanden, die sich vom Träger nur bezüglich der Dotierung unterscheidet wie im Fall von Si auf Si. Das Aufwachsen einer einkristallinen Schicht auf eine andere einkristalline Substanz, z. B. Silizium auf Saphir (einkristallines Al_2O_3), wird als Heteroepitaxie bezeichnet.

5.1.3.1 Wachstumskinetik

Die für den Schichtformierungsprozess notwendigen Reaktanten werden bei der Epitaxie durch einen Gasstrom geliefert. Die Konzentration N_g der Reaktanten im Gasstrom resultiert in einer Konzentration N_S auf der Substrat- bzw. Schichtoberfläche. Der damit verbundene Fluss (Abb. 5.28) ist gegeben durch:

$$F_1 = h(N_g - N_s),$$

wobei h der Massentransportkoeffizient ist.

Abb. 5.28 Modellhafte
Darstellung der Abscheidung
einkristalliner Schichten
mittels Epitaxie

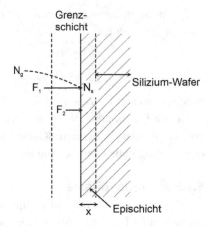

Auf der Si-Oberfläche entsteht der Fluss F_2, der durch

$$F_2 = k_s N_s$$

ausgedrückt werden kann.

N_s ist die Konzentration der Reaktantenmoleküle auf der Substrat- bzw. Schichtoberfläche.

k_s ist die Oberflächenreaktionsrate, die durch

$$k_s = k_o e^{-E_a/RT}$$

gegeben ist, wobei E_a die Aktivierungsenergie, T die absolute Temperatur und R die allgemeine Gaskonstante darstellt.

Im stationären Zustand gilt: $F_1 = F_2 = F$.

Die Aufwachsrate r ist definiert als:

Fluss F dividiert durch die Anzahl n der Atome (Moleküle) je cm^3 der aufgewachsenen Schicht (Si: $n \approx 5 \times 10^{22} \, cm^{-3}$).

$$r = \frac{dx}{dt} = \frac{F}{n} = \frac{N_g}{n} \left(\frac{h k_s}{h + k_s} \right)$$

Bei niedrigen Prozesstemperaturen ist die Oberflächenreaktionsrate $k_s \ll h$, sodass für die Aufwachsrate gilt:

$$r = \frac{dx}{dt} \approx \frac{k_s N_g}{n}$$

Die Aufwachsrate r wird in diesem Fall durch die Oberflächenreaktionsrate k_s kontrolliert.

Für hohe Prozesstemperaturen ist der Massentransportkoeffizient h $\ll$ k$_s$, sodass die Aufwachsrate durch

$$r = \frac{dx}{dt} \approx \frac{hN_g}{n}$$

gegeben ist. Der Prozess wird durch den Massentransport kontrolliert.

In der Praxis arbeiten die meisten Epitaxieprozesse in dem durch den Massentransport kontrollierten Bereich. Kleine Variationen der Substratoberfläche und der Substratorientierung haben dadurch nur einen relativ geringen Einfluss auf das Schichtwachstum.

5.1.3.2 Homoepitaxie

Für das Aufwachsen von Si-Epischichten auf Si-Wafer finden verschiedene Reaktionsgase Anwendung (Tab. 5.8). Prozesstemperatur, Schichtqualität, Aufwachsrate und Kompatibilität mit dem Epireaktor sind Faktoren für die Auswahl des Reaktionsgases.

Beim Aufwachsen einer epitaktischen Schicht können gleichzeitig auch Dotieratome in das Gitter eingebracht werden. Verwendet werden bevorzugt mit Wasserstoff verdünnte Arsen-, Phosphor- und Borverbindungen (AsH$_3$, PH$_3$, B$_2$H$_6$), die dem Trägergas H$_2$ zugesetzt werden. Diese Verbindungen zersetzen sich bei der Abscheidetemperatur, wobei sich die freiwerdenden Dotieratome als Donatoren bzw. Akzeptoren in das Gitter einbauen. Damit können sowohl n- als auch p-leitende Schichten mit Dotierungskonzentrationen zwischen etwa 10^{12} cm^{-3} und 10^{20} cm^{-3} hergestellt werden.

Nach oben wird die Dotierungskonzentration durch die Festkörperlöslichkeit des Dotierstoffs begrenzt, nach unten durch die Hintergrunddotierung der Anlage, durch die Ausdiffusion aus dem Suszeptor und dem Substratmaterial sowie durch das Abtragen der Scheibenrückseite durch das freiwerdende HCl (Etch-back-Effekt).

Eine der wichtigsten Voraussetzungen für ein weitgehend fehlerfreies Schichtwachstum ist eine kristallfehler- und oxidfreie Waferoberfläche. Die Wafer werden aus diesem Grund nach der Beschickung zuerst bei 1150–1200 °C für einige Minuten einer Spülung mit trockenem Wasserstoff ausgesetzt, wodurch das natürliche Oxid entfernt wird. Anschließend wird HCl (verdünnt mit H$_2$) in das System eingeleitet. Durch diese Gasphasenätzung werden etwa 1–2 µm Silizium abgetragen, sodass eine hochreine, optisch spiegelnde Oberfläche zurückbleibt.

Das Aufwachsen einer einkristallinen Schicht mit glatter Oberfläche setzt voraus, dass in der Gasphase keine Zersetzung des Reaktionsgases stattfindet. Die Konzentration des Reaktionsgases wird daher durch ein Trägergas (H$_2$) so gering gehalten, dass eine Keimbildung im Gas selbst ausgeschlossen wird.

Die freiwerdenden Siliziumatome lagern sich in das vorgegebene Kristallgitter ein. Dieser Prozess beginnt meist gleichzeitig an verschiedenen Stellen und setzt sich lateral fort, bis die Gitterebene voll ist und der Vorgang sich wiederholt. Der Wachstumsprozess ist außer von den Prozessparametern (Temperatur, Gaskonzentration, Gasflüsse) und der

Tab. 5.8 Reaktionsgase und chemische Oberflächenreaktionen bei Si-Homoepitaxie

Reaktionsgas	Chemische Oberflächenreaktion	Prozess-temperatur [°C]	Aufwachs rate [μm min⁻¹]	E_A [eV]
Silan (SiH$_4$)	$SiH_{4(g)} \xrightarrow{T} Si_{(g)} + 2\,H_{2(g)}$	900–1000	0,1–0,5	1,6–1,7
Dichlorsilane (SiH$_2$Cl$_2$)	$SiH_2Cl_{2\,(g)} \xrightarrow{T} Si_{(g)} + 2\,HCl_{(g)}$	1050–1150	0,1–0,8	0,3–0,6
Trichlorsilan (SiHCl$_3$)	$SiHCl_{3(g)} + H_{2\,(g)} \xrightarrow{T} Si_{(g)} + 3\,HCl_{(g)}$	1050–1150	0,2–0,8	0,8–1
Siliziumtetra-chlorid (SiCl$_4$)	$SiCl_{4(g)} + 2H_{2(g)} \xrightarrow{T} Si_{(g)} + 4\,HCl_{(g)}$	1150–1200	0,2–>1	1,6–1,7

Reaktorgeometrie von der Orientierung der Substrate abhängig. Die kleinsten Aufwachsraten werden bei <111>-Material beobachtet, bei <100>-Ebenen sind sie am größten, während die Aufwachsrate für <110>-Scheiben zwischen diesen Werten liegt. Typische Aufwachsraten betragen zwischen 0,1 μm/min und einigen μm/min (Tab. 5.8).

5.1.3.3 Heteroepitaxie

Besondere Bedeutung hat dieser Prozess für die Herstellung von einkristallinen Silizium- und GaN-Schichten auf Saphir[1] sowie von GaN-Schichten auf 4H-SiC erlangt. Es ist hierfür folgende Abkürzung gebräuchlich:

Silicon-**o**n-**S**apphire(SOS)-Technik.

Die SOS-Technologie erlaubt die Realisierung von MOS-Transistoren mit erheblich reduzierten Source- und Drain-Kapazitäten (Abb. 5.29). Zudem wird durch die dielektrische Isolation eine signifikante Reduzierung des Verhältnisses Fläche/Bauelement erzielt. Die SOS-Technologie eröffnet die Möglichkeit für die Realisierung hochdichter, schneller und strahlungsunempfindlicher MOS-Schaltkreise.

Die SOS-Technologie wird heute nur noch für wenige Anwendungen eingesetzt, sie wurde weitgehend durch die **S**ilicon **o**n **I**nsulator(SOI)-Technologie verdrängt.

Für die Herstellung von SOS-Schichten hat sich die Silanpyrolyse mit H$_2$ als Trägergas durchgesetzt. Auf der Substratoberfläche läuft dabei die Reaktion

$$SiH_{4(g)} \xrightarrow{T} Si_{(s)} + 2H_{2(g)}$$

ab, wobei Silizium für den Schichtformierungsprozess freigesetzt wird.

Die Prozesstemperaturen können bei der Silanpyrolyse vergleichsweise niedrig gehalten werden (900–1000 °C), sodass eine unerwünschte Dotierung der Si-Schichten mit Al aus dem Saphirsubstrat sehr gering ist. Die Reinigung der Substrate vor dem

---

[1] Saphir ist einkristallines Aluminiumoxid (Al$_2$O$_3$).

Abb. 5.29 Metal-Oxide-
Semiconductor(MOS)-
Transistor in
Silicon-on-Sapphire(SOS)-
Technologie

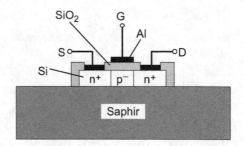

Epiprozess ist ein wichtiger Schritt. Dazu werden die Substrate im Reaktor bei etwa 1000 °C für einige Minuten einer H_2-Atmosphäre ausgesetzt, wodurch oxidische und metallische Verunreinigungen von der Oberfläche beseitigt werden.

Die Heteroepitaxie findet auch Anwendung bei der Herstellung von GaN-Schichten auf Saphir- und 4H-SiC-Substraten für blaue LED.

5.1.3.4 Epitaxiereaktoren

Das Aufwachsen epitaktischer Schichten erfordert die genau dosierte Einleitung von Reaktions- und Trägergasen in den Reaktor, die Aktivierung der chemischen Oberflächenreaktion auf dem Substrat und die Abführung der Reaktionsnebenprodukte.

Entsprechend diesen Anforderungen verfügen Epitaxiereaktoren über

- ein Gasversorgungssystem,
- eine Reaktionskammer mit Heizung und Suszeptor,
- eine Abgasabsaugung mit -reinigungssystem und
- eine Prozesssteuerung.

In Abb. 5.30 sind die wichtigsten in der Praxis anzutreffenden Epi-Reaktor-Konfigurationen dargestellt.

Der Horizontalreaktor (Abb. 5.30a) besteht aus einem Quarzrohr, in dem das Gas annähernd parallel zur Waferoberfläche hindurchströmt. Der Abnahme der Aufwachsrate mit der Länge der Reaktionskammer wird durch ein Kippen (3–10°) des Suszeptors entgegengewirkt, sodass die Strömungsgeschwindigkeit mit zunehmender Entfernung vom Gaseinlass zunimmt.

Beim Vertikalreaktor (Abb. 5.30b) strömt das Reaktionsgas senkrecht auf die Waferoberfläche. Um die Schichtuniformität zu erhöhen, rotiert der Suszeptor während des Prozesses.

Der Barrel-Reaktor, dargestellt in Abb. 5.30c, ist für einen hohen Waferdurchsatz konstruiert. Er stellt im Prinzip eine Erweiterung des Horizontalreaktors dar. Auch hier strömt das Gas parallel zur Waferoberfläche und die Strömungsgeschwindigkeit nimmt ebenfalls längs des Suszeptors zu, um die Verarmung des Gases an Reaktanten (Abnahme der Aufwachsrate) zu kompensieren.

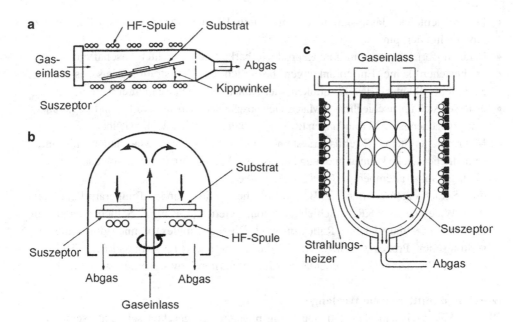

Abb. 5.30 Typische Epitaxie-Reaktor-Konfigurationen. **a** Horizontalreaktor; **b** Vertikalreaktor; **c** Barrel-Reaktor

5.1.4 Physical Vapor Deposition

Unter Physical-Vapor-Deposition(PVD)-Prozessen werden Beschichtungsprozesse verstanden, mit denen Metalle, Legierungen oder chemische Verbindungen durch Zufuhr thermischer Energie (Vakuumbedampfen) oder durch Ionenbeschuss (Kathodenzerstäubung → Sputtern) im Hochvakuum abgeschieden werden können ([3], [5–7], [11–23]).

Unter Hochvakuum (HV) versteht man Drücke zwischen 10^{-3} und 10^{-7} hPa (Tab. 5.9).

PVD-Verfahren weisen eine Anzahl von Eigenschaften auf, die eine breite Anwendung in der Dünnfilmtechnik, der Mikroelektronik und der Mikrosystemtechnik ermöglichen:

Tab. 5.9 Klassifizierung der Vakua

Bezeichnung:	Druckbereich (hPa)
Grobvakuum	1000–1
Feinvakuum	$1-10^{-3}$
Hochvakuum (HV)	$10^{-3}-10^{-7}$
Ultrahochvakuum (UHV)	$<10^{-7}$

- Die Schichtdicke lässt sich in einem weiten Bereich variieren (etwa 1 nm bis zu einigen hundert μm);
- hohe Uniformität und sehr gute Reproduzierbarkeit der Schichteigenschaften;
- es bestehen keine Einschränkungen bezüglich des Substratmaterials, es können Metalle, Halbleiter, Glas, Keramiken oder Kunststoffteile beschichtet werden;
- es lassen sich unterschiedlichste Materialien abscheiden, neben Metallen und Legierungen sind auch chemische Verbindungen (z. B. Isolatoren, Metalloxide) herstellbar;
- Mehrschichtsysteme (Multilayersysteme) aus verschiedenen Materialien mit unterschiedlicher Dicke können in ein und demselben Vakuumprozess abgeschieden werden;
- niedrige Substrattemperatur (→ kalte Prozesse);
- die Schichteigenschaften (z. B. spezifischer Widerstand, Temperaturkoeffizient des Widerstands [TKR], Schichtadhäsion, Gefüge, Härte, Schichtspannungen, Zusammensetzung, Dichte, Reflexionsgrad, Brechungsindex) können durch die Einstellung der Prozessparameter (z. B. Substrattemperatur, Arbeitsdruck, Teilchenenergie, Abscheiderate, Abscheideatmosphäre) variiert bzw. optimiert werden.

Druck und mittlere freie Weglänge

Obwohl Vakuumbedampfen und Sputtering physikalisch gesehen sehr unterschiedliche Prozesse darstellen, lässt sich das Verhalten der Teilchen (Atome, Moleküle) in der Gasphase durch dieselben Gesetzmäßigkeiten ausdrücken. Eine dieser Eigenschaften ist die Streuung der Teilchen auf ihrem Weg von der Quelle zum Substrat. Streuung tritt vorrangig auf durch Kollision der Teilchen mit Restgas- und Prozessgasmolekülen. Die Anzahl der Zusammenstöße nimmt mit der Anzahl der Gasmoleküle und damit mit dem Druck zu. Für den Druck p in einem idealen Gas auf eine Wand gilt:

$$p = \frac{F}{A} = n\,kT \quad [\text{Pa}] \tag{5.20}$$

n   Teilchendichte $[\text{cm}^{-3}]$
k   Boltzmann-Konstante ($k = 1{,}3804 \times 10^{-23}$ J/K)
T   absolute Temperatur [K]

Die durch die Stöße der Gasteilchen auf die Wand übertragenen Impulse je Flächen- und Zeiteinheit verursachen den Druck p.

Die mittlere kinetische Energie E eines einzelnen Teilchens beträgt:

$$E = \frac{m\bar{v}^2}{2} = \frac{3}{2}kT \tag{5.21}$$

($\bar{v}^2 = \frac{3\,kT}{m}$ → mittleres Geschwindigkeitsquadrat).

Aus den Gl. (5.20) und (5.21) folgt damit für den Druck p:

$$p = \frac{1}{3}nm\bar{v}^2 \tag{5.22}$$

Das Konzept des mittleren Geschwindigkeitsquadrats besagt, dass sich Gasteilchen schneller und langsamer als $\bar{v}$ bewegen. Die Geschwindigkeitsverteilung entspricht hierbei einer Maxwell-Boltzmann-Verteilung (Abb. 5.31).

Mittlere freie Weglänge
Zwischen zwei Stößen legen die Teilchen im Mittel die Strecke λ, die sogenannte mittlere freie Weglänge, zurück (Abb. 5.31a):

$$\lambda = \frac{\bar{v}}{z} = \frac{1}{\sqrt{2}N/V\,\sigma} = \frac{1}{\sqrt{2}n\sigma} = \frac{kT}{\sqrt{2}p\sigma} \tag{5.23}$$

wobei z die Stoßzahl, d. h. die Anzahl der Stöße je Zeiteinheit, ist; n die Teilchendichte; $\bar{v}$ die mittlere Teilchengeschwindigkeit, die sich von der quadratisch gemittelten Geschwindigkeit $\sqrt{\bar{v}^2}$ etwas unterscheidet (Abb. 5.31b) und σ der Stoßquerschnitt.

λ ist entsprechend Gl. 5.23 umgekehrt proportional zur Teilchendichte n bzw. dem Druck p und zum Stoßquerschnitt σ.

Bei einem Stoß gleicher Teilchen mit dem Durchmesser d ist σ gegeben durch:

$$\sigma = \pi d^2$$

Damit folgt mit Gl. 5.23 für die mittlere freie Weglänge λ:

$$\lambda = \frac{kT}{\sqrt{2}\,p\pi\,d^2}$$

Für Luft bei 20 °C gilt näherungsweise:

$$\lambda = \frac{6,3}{p}[\text{mm}] \quad (\text{p in Pa})$$

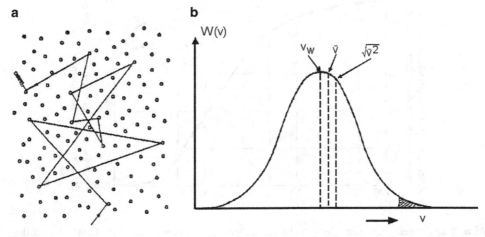

Abb. 5.31 a Streuung eines Gasteilchens durch Zusammenstöße mit anderen Gasteilchen; **b** Maxwell-Boltzmann-Verteilung der Teilchengeschwindigkeiten in einem idealen Gas. v_w wahrscheinliche Geschwindigkeit; $\bar{v}$ mittlere Geschwindigkeit; $\sqrt{\bar{v}^2}$ mittlere quadratische Geschwindigkeit

In Abb. 5.32 ist dargestellt, wie viele Prozent der von der Quelle ausgehenden Teilchen mit Restgasmolekülen zusammenstoßen. Ist der Abstand zwischen Quelle und Substrat gleich λ, dann erfahren etwa 60 % der Teilchen einen Zusammenstoß mit Restgasmolekülen.

Für hohe Reinheitsgrade muss daher die mittlere freie Weglänge λ der Restgasmoleküle wesentlich größer sein als der Abstand zwischen Quelle und Substrat, da die Teilchen beim Zusammenstoßen mit den Restgasmolekülen reagieren können (Verunreinigung der Schicht). Der Grad der Verunreinigung hängt vom Beschichtungsmaterial ab, ob es sich um ein reaktives Metall, um ein Edelmetall oder um eine Verbindung handelt, und auch von der Art der Restgasteilchen, mit denen ein Zusammenstoß erfolgt. Mit Inertgasen finden keine Reaktionen statt, während z. B. O_2 und N_2 zu einer Reaktion führen können (Ausnutzung dieser Eigenschaft beim reaktiven Aufdampfen bzw. reaktiven Sputtern).

Vakuumbedampfen wird üblicherweise bei Arbeitsdrücken von etwa 10^{-2} bis 10^{-4} Pa durchgeführt. Bei einem Druck von 10^{-4} Pa hat ein Al-Atom mit $d = 0{,}4$ nm eine mittlere freie Weglänge von etwa 60 m. Beim Bedampfen mit Aluminium bedeutet das z. B., dass die Al-Atome von der Verdampfungsquelle stoßfrei (geradlinig) zu den zu beschichtenden Substraten gelangen.

Bei der Kathodenzerstäubung, bei der mit einem Argondruck von etwa 100 Pa gearbeitet wird, ergibt sich dagegen für Al nur eine mittlere freie Weglänge von etwa 60 µm, was zur Folge hat, dass die Al-Atome aufgrund der Streuung an Ar-Atomen auf die Substrate nicht gerichtet, sondern aus unterschiedlichen Richtungen auftreffen.

Der Restgasdruck vor Prozessbeginn muss dabei in beiden Fällen wesentlich niedriger als der Arbeitsdruck sein.

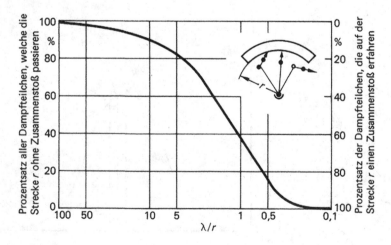

Abb. 5.32 Anteil der von der Quelle ausgehenden Teilchen, die mit Restgasmolekülen zusammenstoßen

5.1.4.1 Vakuumbedampfen

Der Bedampfungsprozess ist ein Hochvakuumverfahren, das im Wesentlichen in drei Stufen verläuft:

- Verdampfung des Schichtmaterials,
- Transport der Dampfteilchen durch das Vakuum zum Substrat,
- Kondensation auf dem Substrat.

Verdampfungsprozess

Beim Vakuumbedampfen wird das in der Verdampfungsquelle befindliche Beschichtungsmaterial so hoch erhitzt, bis sich ein ausreichend hoher Dampfdruck gebildet hat und damit eine gewünschte Verdampfungsgeschwindigkeit erreicht wird. Als Dampfdruck (Sättigungsdampfdruck) wird der Gleichgewichtsdruck bezeichnet, der sich in einem geschlossenen Gefäß ausbildet, wenn beide Phasen (flüssig und dampfförmig) nebeneinander bestehen. In einem solchen Gleichgewichtszustand sind die Verdampfungsrate und die Kondensationsrate gleich. In Abb. 5.33 ist der Zusammenhang zwischen Dampfdruck und Temperatur für verschiedene Metalle dargestellt.

Der Sättigungsdampfdruck p_S ist gegeben durch

$$p_s = A \exp\left(-\frac{B}{T}\right)$$

A   Integrationskonstante,
B   von der Verdampfungswärme und damit vom Verdampfungsmaterial abhängige Konstante.

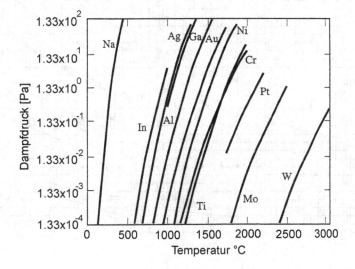

Abb. 5.33 Dampfdruck verschiedener Metalle als Funktion der Temperatur

Zwischen dem Sättigungsdampfdruck p_S und damit auch der Kondensationsrate (Abscheiderate) und T besteht also eine exponentielle Abhängigkeit, d. h. geringe Temperaturschwankungen führen zu großen Änderungen der Abscheiderate.

Die je Zeit- und Flächeneinheit abdampfende Materialmenge R (Verdampfungsrate) lässt sich gemäß

$$R = 4,43 \cdot 10^{-4} \left(\frac{M}{T}\right)^{\frac{1}{2}} p_s \quad \left[\frac{g}{cm^2 s}\right]$$

ermitteln mit p_S in [Pa].

M   Molekulargewicht des Verdampfungsmaterials
T   Absolute Temperatur

In Abb. 5.34 sind für einige Metalle die Verdampfungsraten als Funktion der Temperatur zusammengestellt.

In der Praxis ist der Spielraum für die Verdampfungsrate nicht allzu groß:

- Zu langsames Verdampfen führt zu unerwünschten Reaktionen mit Restgasmolekülen.
- Bei zu schnellem Verdampfen (Dampfdruck über der Quelle zu groß) stoßen die Dampfteilchen untereinander zusammen. Sie gelangen nicht stoßfrei zum Substrat, sodass ein Teil wieder zur Quelle zurückgestreut wird.

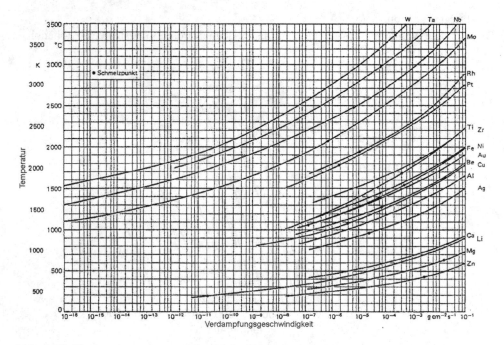

Abb. 5.34 Verdampfungsrate von Metallen im Hochvakuum

- Zu hohe Verdampfungstemperaturen führen aber auch zur Bildung von Dampfblasen. Dadurch wird Verdampfungsmaterial spritzerförmig aus der Verdampfungsquelle herausgeschleudert, das zum Teil auch auf die Substrate gelangt (Schichtschäden). Beim Bedampfen im Hochvakuum übliche Drücke liegen zwischen etwa 10^{-2} Pa bis 10^{-4} Pa.

Transportphase

Die beim Bedampfen emittierten Teilchen haben eine mittlere kinetische Energie E_e von

$$E_e = \frac{m}{2}\,\bar{v}^2 = \frac{3}{2}kT_v$$

m   Masse der Teilchen [g]
k   Boltzmann-Konstante
T_v Temperatur der Verdampfungsquelle in [K]
$\bar{v}^2$ mittleres Geschwindigkeitsquadrat in $[(\text{cm s}^{-1})^2]$.

E_e beträgt bei 1500 K etwa 0,2 eV, bei 2000 K etwa 0,26 eV.

Die beiden Beispiele zeigen, dass die Energie der Teilchen vergleichsweise klein ist und auch bei hohen Temperaturen klein bleibt im Vergleich zu den Teilchenenergien bei der Kathodenzerstäubung (Abschn. 5.1.4.2). Da für ein bestimmtes Beschichtungsmaterial die Verdampfungstemperatur nur wenig variiert werden kann, lässt sich auch die Teilchenenergie nur geringfügig verändern.

Finden bei höheren Restgasdrücken Zusammenstöße mit den energieärmeren Restgasteilchen statt, so gilt für

$$E_e = \frac{m}{2}\,\bar{v}^2 = \frac{3}{2}kT_R,$$

wobei T_R die Temperatur des Restgases bzw. der Rezipientenwand ist. Für $T_R = 300$ K beträgt E_e unabhängig von der Verdampfungstemperatur nur noch etwa 0,04 eV. Während des Transports der Dampfteilchen können zudem durch Stöße mit Restgasmolekülen Verbindungen entstehen, die die Reinheit der Schichten nachteilig verändern.

Kondensationsphase

Der Kondensationsprozess vollzieht sich im Wesentlichen in drei Schritten:

a) Ein auf das Substrat auftreffendes Dampfteilchen (Atom) überträgt kinetische Energie auf die Substratoberfläche. Das Teilchen lagert sich zunächst als lose gebundenes Adatom an.

b) Das Adatom diffundiert auf der Substratoberfläche (Oberflächendiffusion). Es findet ein Energieaustausch mit den Gitteratomen statt, bis das Atom einen niederenergetischen Platz einnimmt (Kern- oder Keimbildung). Der Prozess der Keimbildung zu Beginn der Schichtabscheidung findet bevorzugt an Störstellen der Substratoberfläche statt und führt zu einer Inselbildung, bis schließlich eine zusammenhängende Schicht entsteht. Die Keimbildung und das Schichtwachstum hängen in hohem Maß von der Substratoberfläche und den Beschichtungs-bedingungen ab. Sie werden durch hohe Substrattemperaturen, niedrigen Schmelz-punkt des Beschichtungsmaterials und durch niedrige Kondensationsgeschwindigkeit (niedrige Abscheideraten) begünstigt.

c) Diffusion der kondensierten Atome innerhalb des Gitters (Volumendiffusion) bei genügend hoher Substrattemperatur.

Die sich einstellende Gefügestruktur der sich bildenden Schicht kann abhängig vom Ver-hältnis der Substrattemperatur T_S zur Schmelztemperatur T_M des Beschichtungsmaterials drei verschiedene charakteristische Formen annehmen (Abb. 5.35).

- $T_S/T_M < 0{,}25$ (Zone 1)
  Es entstehen stängelförmige Kristallite mit kappenförmigen Enden (dendritische Struktur). Das Gefüge ist porös, die Dichte ist geringer als die des Bulkmaterials. Die Dendriten werden mit zunehmender Substrattemperatur größer.

- $0{,}26 < T_S/T_M < 0{,}45$ (Zone 2)
  Die Oberflächenbeweglichkeit ist so groß, dass stängelförmige Strukturen großer Packungsdichte und Schichten geringer Rauigkeit entstehen (Kolumnarstruktur). Der Kristalldurchmesser nimmt mit steigender Substrattemperatur zu.

- $T_S/T_M > 0{,}45$ (Zone 3)
  Dominanz der Volumendiffusion, die Schichten weisen eine hohe Dichte und eine glatte Oberfläche auf.

Anlagentechnik

Beim Bedampfen bewegen sich die zu beschichtenden Substrate über einer Dampfkeule. Sie führen einfach – oder doppelt – rotierende Bewegungen aus, um eine möglichst gute Schichtdickenuniformität zu erreichen. Das Material verdampft dabei im Allgemeinen von unten nach oben.

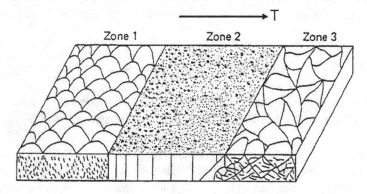

Abb. 5.35 Dreizonenmodell für das Schichtwachstum beim Vakuumbedampfen (Modell von Movchan und Demichishin)

Verdampfungsquellen

Zur Verdampfung des Schichtmaterials finden widerstandsbeheizte Verdampfungsquellen und Elektronenstrahlverdampfer Anwendung.

Widerstandsbeheizte Verdampferquellen

Die Abb. 5.36 zeigt einige widerstandsbeheizte Quellen, die aus hochschmelzenden Materialien wie W, Mo oder Ta bestehen.

Nachteile widerstandsbeheizter Verdampfer sind:

- Abdampfen des Verdampfermaterials führt zur Kontamination der Schicht.
- Hochschmelzende Materialien (W, Mo, Ta) können nicht verdampft werden.
- Die üblicherweise geringe Menge des Verdampfungsguts begrenzt die Schichtdicke.

Elektronenstrahlverdampfer

Die für den Verdampfungsprozess nötige Energie kann in idealer Weise mit einem Elektronenstrahl zugeführt werden. Die kinetische Energie der Elektronen wird beim Auftreffen auf das zu verdampfende Material mit hohem Wirkungsgrad in Wärme umgesetzt, das abzuscheidende Material schmilzt lokal und verdampft. Mittels elektronenoptischer Strahlführung kann der Strahl auf das Verdampfungsgut gelenkt werden (Abb. 5.37). Elektronenstrahlverdampfer bestehen aus einer Glühkathode zur

a   b   c

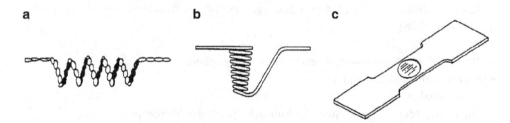

Abb. 5.36 Beispiele für widerstandsbeheizte Verdampferquellen. **a** spiralförmiger Verdampfer; **b** korbförmiger Verdampfer; **c** muldenförmiger Verdampfer

Abb. 5.37 Elektronen-
strahlverdampfer (Schema).
1 Elektronenstrahl;
2 Dampfkeule; 3 Kühlwasser-
zuführung; 4 Anodenfenster;
5 Hochspannungs- und
Heizleitungen; 6 Magnetfeld

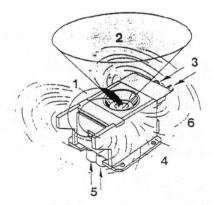

Elektronenerzeugung, einem Beschleunigungssystem und einem magnetischen Ablenksystem. Durch die Umlenkung des Strahls um 270° wird eine Kontamination der Schicht durch Verunreinigungen aus der Glühkathode vermieden.

Das Verdampfungsgut befindet sich in einem wassergekühlten Kupfertiegel, sodass der Rest des Materials in festem Zustand verbleibt. Um eine Kraterbildung und eine Verzerrung der Verdampfercharakteristik auszuschließen, wird der Elektronenstrahl meist über das Verdampfungsgut gewobbelt.

Elektronenstrahlverdampfer bieten zwei wesentliche Vorteile gegenüber Widerstandsverdampfern:

- Hohe Leistungsdichte und einen weiten Bereich der Verdampfungsrate,
- keine Schichtverunreinigungen durch den Tiegel (wassergekühlt).

Es lassen sich damit auch hochschmelzende Metalle (Pt, Rh, Ta, Mo, W) und auch Dielektrika mit hoher Reinheit abscheiden.

Um eine Kollision der Dampfteilchen mit Restgasmolekülen im Beschichtungsraum auszuschließen, sollte der Restgasdruck beim Bedampfungsprozess einen bestimmten Wert ($\approx 10^{-5}$ Pa) nicht überschreiten. Eine weitere Bedingung bezüglich des Restgasdruckes resultiert aus der zulässigen Kontamination, da auf der Substratoberfläche adsorbierte Restgasmoleküle das Schichtwachstum und die Schichtzusammensetzung beeinträchtigen können.

Eine Elektronenstrahl-Bedampfungsanlage besteht aus folgenden wesentlichen Einheiten (Abb. 5.38):

- Rezipient mit Pumpensystem und Vakuummessgeräten,
- Elektronenstrahlverdampfer,
- Substrathalter,
- Blendensystem zur Abdeckung der Substrate gegen den Verdampfer,
- Substratheizung,
- Schichtdickenmesssystem,
- Anlagenrechner.

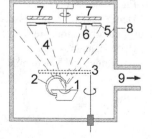

Abb. 5.38 Elektronenstrahlbedampfungsanlage (Schema). 1 Dampfquelle; 2 Elektronenstrahl; 3 Blende; 4 Dampfkeule; 5 Substrathalter; 6 Substrat; 7 Heizung; 8 Rezipient; 9 Pumpenanschluss

Die wichtigsten Prozessparameter sind:

- Restgasdruck,
- Substrattemperatur,
- Aufdampfrate,
- Zeit.

Die Aufdampfrate lässt sich über die Stromdichte und die Elektronenenergie des Strahls steuern. Zur in situ Schichtdickenmessung und Ratenregelung werden Schwing-quarz-Schichtdickenmessgeräte eingesetzt. Typische Aufdampfraten liegen z. B. für Al zwischen 100 und 500 nm/min.

Als Probleme beim Elektronenstrahlverdampfen lassen sich aufführen:

- Bei Beschleunigungsspannungen >10 kV entstehen Röntgenstrahlen, die getrappte Ladungen im Gateoxid von MOS-Schaltungen verursachen (Beseitigung durch anschließendes Tempern),
- zu hohe Strahlenergie führt zu Dampfblasenbildung (Spritzgefahr).

Als weitere Kriterien für ein zufriedenstellendes Ergebnis bei der Schichterzeugung durch Vakuumbedampfen sind neben den bereits diskutierten zu nennen:

- In situ-Kontrolle der Schichtdicke,
- ausreichende Dickenuniformität über den Wafer,
- gute Kantenbedeckung (Step coverage $= (t_s/t_n)$ x 100 %; t_s minimale Schichtdicke an der Kante; t_n Schichtdicke im ebenen Bereich).

Um diese Anforderungen zu erfüllen, werden die Wafer auf bestimmten Bahnen durch den Dampfstrahl bewegt.

Cosinusgesetz der Abscheidung
Der Teilchenfluss von einer kleinen Quelle gehorcht theoretisch dem Cosinusgesetz. In diesem Fall ist die Abscheiderate R gegeben durch

$$R = \frac{m}{\pi \rho r^2} \cos \varphi \cos \Theta \qquad (5.24)$$

ϕ und Θ entsprechen den Winkeln in Abb. 5.39.

ρ und m sind die Dichte [g/cm^3] und Massenverdampfungsrate [g/s] des Schicht-materials.

Gleichung (5.24) zeigt, dass die Abscheidung nicht in allen Raumrichtungen gleich ist (würde nur bei einer Punktquelle zutreffen). Befinden sich aber Quelle und zu

Abb. 5.39 Veranschaulichung
der Verhältnisse beim
Bedampfen einer
kugelförmigen Oberfläche

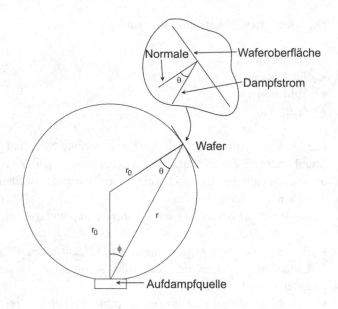

beschichtende Oberfläche auf einer Kugeloberfläche mit dem Radius r_o (Abb. 5.39), so gilt $\cos \phi = \cos \Theta = r/2r_o$, sodass für die Abscheiderate folgt:

$$R = \frac{m}{4\pi\rho r_o^2}$$

Unter diesen Voraussetzungen sollte die Abscheiderate an allen Punkten der Kugelfläche gleich sein. In der Praxis werden deshalb die Substrate bei größeren Aufdampfanlagen auf kalottenförmigen Substrathaltern befestigt, die durch ein Planetengetriebe angetrieben werden (Abb. 5.40). Es rotiert sowohl die Gesamtanordnung als auch die einzelnen Substratträger.

Abb. 5.41 zeigt ein Bild einer Elektronenstrahlbedampfungsanlage mit um zwei Achsen rotierenden Substrathaltern (Planetenantrieb).

Abb. 5.40 Schematische
Darstellung einer
Substrathalterung mit
drei kalottenförmigen
Substrathaltern und
Planetenantrieb

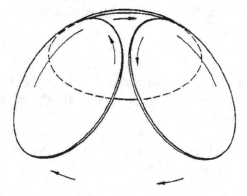

Abb. 5.41   Elektronenstrahlbedampfungsanlage mit drei Substrathaltern und Planetenantrieb

Ratenregelung

Die häufigste und genaueste Methode zur Regelung der Aufdampfrate ist die Regelung des Emissionsstroms, d. h. die Nachführung des Glühkathodenheizstroms bei konstanter Beschleunigungsspannung. Als Sensor für die Messung der Rate wird in der Regel ein Schwingquarz eingesetzt.

Die Methode beruht auf der Änderung der Resonanzfrequenz $f = N/d_q$ eines Schwingquarzes, wenn er mit einer Schicht der Masse $\Delta m = \rho A d$ bedampft wird (N: Frequenzkonstante; d_q: Dicke des Schwingquarzes; ρ: Dichte des Schichtmaterials; d: Schichtdicke; A: beschichtete Fläche). Die Resonanzfrequenz nimmt für $\Delta f \ll f$ proportional zu d ab, und es gilt:

$$\Delta f = -C\frac{\Delta m}{A} = -C \cdot \rho \cdot d$$

Mit beispielsweise $C = 8\ \text{MHz}\ \text{m}^2/\text{kg}$ folgt für Δf mit $d = 0,1\ \text{nm}$ und $\rho = 10^4\ \text{kg}\ \text{m}^{-3}$:

$$\Delta f = -8\ \text{Hz}$$

Um Messfehler durch Temperaturänderungen zu reduzieren, ist der Quarz wassergekühlt. Bei kommerziellen Messsystemen (Abb. 5.42) werden die Schichtdicke (0,1 nm–100 μm) und die Aufdampfrate (0,01–100 nm/s) kontinuierlich ermittelt und angezeigt.

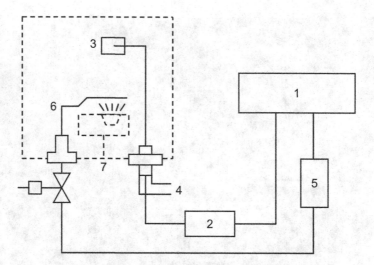

Abb. 5.42 Schwingquarzmethode zur Messung der Schichtdicke und Regelung der Aufdampfrate (Regelkreis nicht dargestellt). 1 Schwingquarzmessgerät mit D/A-Wandler; 2 Oszillator; 3 Messkopf mit Schwingquarz; 4 Wasserkühlung des Schwingquarzes; 5 Blendensteuerung; 6 Blende; 7 Dampfquelle

Durch Vakuumbedampfen herstellbare Schichten

Metalle

Es lassen sich viele Metalle verdampfen, die im Normalfall durch Elektronenstrahlverdampfen abgeschieden werden. Übliche Metalle sind Al, Au, Ag, Cr, Ni/Cr, Ti, Ni, Pt, Pd. Hochschmelzende Metalle (z. B. W, Mo, Ta) werden meist durch Sputtern abgeschieden.

Legierungen

Das Verdampfen von Legierungen ist weitaus schwieriger als das von Metallen, da Legierungen aus verschiedenen Elementen bestehen, die nur selten bei gleicher Temperatur den gleichen Dampfdruck besitzen. Für die Abscheidung von Legierungen wird daher Sputtern bevorzugt.

Multilayerschichten

Derartige Strukturen können durch Aufdampfen in Mehrnapftiegelanlagen mit einer oder mehreren Elektronenstrahlkanonen in der gewünschten Reihenfolge hergestellt werden, sofern sich die einzelnen Schichtmaterialien dafür eignen.

Chemische Verbindungen

Das Verdampfen von chemischen Verbindungen ist im Allgemeinen mit einer Dissoziation verbunden. Da bereits geringfügige Abweichungen von der stöchiometrischen Zusammensetzung zu erheblichen Änderungen der Schichteigenschaften führen, werden chemische Verbindungen meist durch Sputtern oder CVD-Prozesse hergestellt.

Reaktives Aufdampfen

Beim reaktiven Aufdampfen wird durch Einlass eines Reaktionsgases (z. B. O_2, N_2) eine chemische Reaktion zwischen den Dampfteilchen und den Reaktionsgasmolekülen herbeigeführt. Wesentlich universeller und besser kontrollierbar sind aber auch in diesem Punkt CVD- bzw. Sputterprozesse.

5.1.4.2 Kathodenzerstäubung (Sputtering, Sputtern)

Bei der Kathodenzerstäubung handelt es sich um einen Plasmazerstäubungsprozess, bei dem Edelgasionen gegen ein Target (Kathode) beschleunigt werden, die bei ihrem Aufprall Teilchen des Targetmaterials herauslösen, die auf dem gegenüberliegenden Substratträger zu einer festen Schicht kondensieren ([3], [5–7], [11–23]). Sputtern stellt das am häufigsten in der Mikroelektronik und Mikrosystemtechnik eingesetzte PVD-Verfahren zur Abscheidung von Metallschichten dar. Allgemein betrachtet verläuft der Prozess in vier Schritten:

- Erzeugung von Ionen und Beschleunigung dieser Ionen zum Target, das aus dem abzuscheidenden Material besteht
- Herauslösen von Targetatomen durch den Aufprall der Ionen
- Transport der freigesetzten Targetatome zum Substrat
- Kondensation der Targetatome auf dem Substrat (Schichtbildung)

Zerstäubungsmechanismus

Die Erzeugung der für den Sputterprozess notwendigen Ionen geschieht in einer selbstständigen Glimmentladung zwischen zwei planaren Elektroden (Anode und Kathode). Die Ionisierung erfolgt durch inelastische Stöße zwischen freien Elektronen und Gasmolekülen (meist Ar). Die dafür nötige Ionisierungsenergie (15,7 eV für Ar) wird dem Ar-Atom von dem am Stoß beteiligten Elektron zugeführt, dessen kinetische Energie vor dem Stoß ein Vielfaches dieser Energie betragen kann. Die in dem elektrischen Feld zur Kathode hin beschleunigten Ar^+-Ionen haben beim Aufprall auf das Target eine kinetische Energie zwischen etwa 10 eV und einigen 1000 eV. Beim Auftreffen geben sie einen Teil ihrer kinetischen Energie in einem begrenzten Volumen (beteiligt sind etwa 1000 Atome) durch eine Folge von quasielastischen Zweierstößen an die Gitteratome weiter. Während dieser Stoßkaskade werden Targetatome auch zur Oberfläche hin gestreut, die bei ausreichender Energie, die größer als die Oberflächenbindungsenergie sein muss, das Gitter verlassen können (Abb. 5.43). Die kinetische Energie

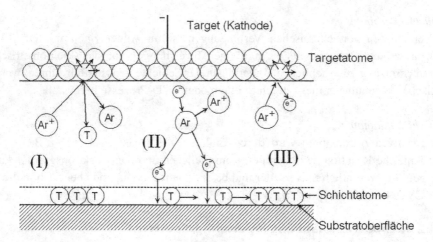

Abb. 5.43 Vorgänge beim Herauslösen von Targetatomen aus dem Gitterverband des Targetmaterials beim Sputtern

der herausgelösten Targetatome ist typischerweise 3–10 eV. Die mittlere Anzahl der abgetragenen Atome je auftreffendes Ion wird als Zerstäubungsausbeute S bezeichnet:

$$S = \frac{\text{Anzahl der abgetragenen Targetatome}}{\text{Anzahl der auftreffenden Ionen}}$$

Die Zerstäubungsausbeute wird bestimmt vom Massenverhältnis der Ion-Target-Kombination (Abb. 5.44), von der Energie (Abb. 5.45) und vom Einschusswinkel der Ionen.

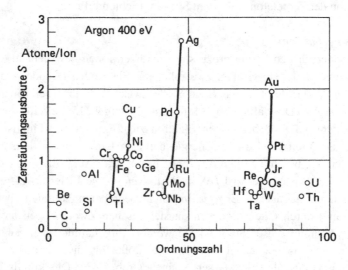

Abb. 5.44 Zerstäubungsausbeute S in Abhängigkeit von der Ordnungszahl für Argonionen mit einer kinetischen Energie von 400 eV

Abb. 5.45 Prinzipieller Verlauf der Zerstäubungsausbeute S über der Ionenenergie. Der Sputterprozess setzt bei etwa 10–30 eV ein

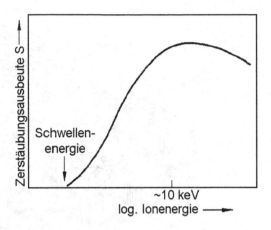

I: Herauslösen eines Targetatoms T, neutrales rückgestreutes Ar-Atom.

II: Ionisation durch Elektronenstoß; Beschleunigung von Elektronen zur Substrat-oberfläche (Anode).

III: Durch Ar^+-Ionen ausgelöste Elektronenemission an der Kathode.

Damit sich möglichst viele der aus dem Target herausgelösten Atome auf dem Substrat abscheiden, beträgt der Abstand zwischen Target und Substrat nur 5–10 cm. Keimbildung und Schichtwachstum finden grundsätzlich in gleicher Weise wie beim Vakuumbedampfen statt. Allerdings sind beim Sputtern weitere Einflussfaktoren zu berücksichtigen:

- Die das Substrat erreichenden Atome haben eine höhere Energie (etwa 3–10 eV) gegenüber 0,2 eV beim Aufdampfen.
- Aufgrund von Stoßprozessen mit Ar-Atomen erreichen die Atome die Substratoberfläche aus unterschiedlichen Richtungen (mittlere freie Weglänge nur wenige Mikrometer).
- Elektronen werden zur Substratoberfläche beschleunigt, die auftreffenden Elektronen heizen die Substrate auf.
- Die Substratoberfläche ist in stärkerem Maß auftreffenden Gasteilchen ausgesetzt.
- Dadurch werden auch Ar-Atome in die Schicht eingebaut.
- Durch Anlegen einer Biasspannung können die Schichteigenschaften beeinflusst werden.

Bei dem in Abb. 5.46 dargestellten Modell wird die Abhängigkeit der Gefügestruktur vom Gasdruck während der Beschichtung berücksichtigt. Sie kommt dadurch zustande, dass die abgestäubten Atome durch Stöße mit Ar-Atomen Energie verlieren. Die Oberflächenbeweglichkeit der kondensierten Teilchen nimmt daher mit zunehmendem Inertgasdruck ab.

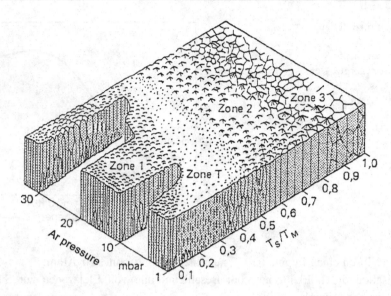

Abb. 5.46 Strukturmodell für durch Sputtern hergestellte Schichten (nach Thornton). Zone 1: Dendritenstruktur; Zone T: faserförmige, dicht gepackte Struktur mit glatter Oberfläche; Zone 2: Kolumnare Struktur großer Packungsdichte und Schichtoberfläche geringer Rauheit; Zone 3: Volumendiffusion übt dominierenden Einfluss auf die Struktur aus, hohe Packungsdichte und glatte Schichtoberfläche. T_M Schmelztemperatur des Beschichtungsmaterials; T_S Substrattemperatur

Zerstäubungs- bzw. Sputter-Methoden

In der Mikroelektronik und Mikrosystemtechnik finden heute im Wesentlichen zwei Methoden Anwendung:

- Direct-Current(DC)-Diodenzerstäubung (DC-Sputtern)
- Hochfrequenz(HF)-Zerstäubung (HF- bzw. Radio-Frequency[RF]-Sputtern)

DC-Sputtern

Die Abb. 5.47 zeigt schematisch den Aufbau einer DC-Dioden-Zerstäubungsanlage. Im Rezipienten befinden sich im Abstand von einigen Zentimetern die beiden Elektroden Kathode (Target) und Anode (Substratteller). Die Kathode liegt am negativen Pol der DC-Versorgung mit einigen Kilovolt Spannung, der Substratteller liegt auf Masse. Nach dem Evakuieren des Rezipienten (Restdruck $\approx 10^{-5}$ Pa) wird durch den Einlass des Sputtergases (meist Ar, $\approx 0{,}5$–2 Pa) eine selbstständige Glimmentladung (Plasma) erzeugt, deren Träger Elektronen und Ar^+-Ionen sind. Im Kathodenfallgebiet (Crooke'scher Dunkelraum; Zone des größten Potenzialgefälles Abb. 5.48), werden die im Plasma durch Stoßionisation erzeugten Ar^+-Ionen gegen das Target beschleunigt,

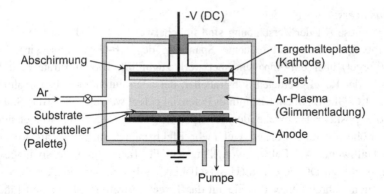

Abb. 5.47 Direct-Current(DC)-Sputtertechnik (Schema)

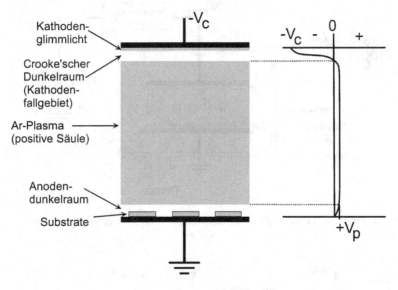

Abb. 5.48 Plasmastruktur und Spannungsaufteilung in einer Direct-Current(DC)-Sputteranlage

wo durch den Aufprall bzw. durch Impulsübertragung Targetatome herausgeschleudert werden. Diese bewegen sich regellos und kondensieren auf der Anode (Substratober-fläche), um die gewünschte Schicht zu bilden.

Mittels DC-Sputtern können elektrisch leitende Materialien zerstäubt werden. Nicht-leitende Materialien lassen sich auf diese Weise nicht zerstäuben, da die positiven Ladungen der auf die Kathode auftreffenden Sputtergasionen nicht abgeführt werden können. Als Folge davon würde sich das angelegte negative Potenzial abbauen, sodass keine Beschleunigung der Sputtergasionen mehr zum Target hin stattfinden kann, wodurch der Zerstäubungsprozess von selbst beendet wird.

HF-Kathodenzerstäubung

Anlagen für diese Art der Zerstäubung sind üblicherweise als HF-Diodenanordnung aufgebaut (Abb. 5.49). Die hochfrequente Spannung des HF-Generators wird dabei der Kathode (Target) über ein Anpassungsnetzwerk zugeführt. Die Substrate befinden sich auf einem in der Regel geerdeten Substratteller, der auch durch Zwischenschaltung eines variierbaren LC-Glieds auf ein bestimmtes Potenzial gelegt werden kann (Bias-Sputtering).

Liegt die positive Halbwelle der HF-Spannung am Target an, so gelangen aufgrund der höheren Beweglichkeit viel mehr Elektronen zum Target als Ionen in der negativen Halbwelle. Als Folge davon lädt sich die Targetelektrode so lange negativ auf – es entsteht ein DC-Potenzial (U_{DC} [self-bias]) – bis die gleiche Anzahl von Ionen und Elektronen während einer Periode auf das Target auftreffen (Strom-Zeit-Flächen für Elektronen und Ionen sind gleich; Abb. 5.50). Die Spannung U_{DC} entspricht annähernd

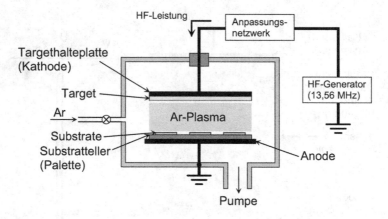

Abb. 5.49 Schematische Darstellung einer Hochfrequenz(HF)-Dioden-Sputteranlage

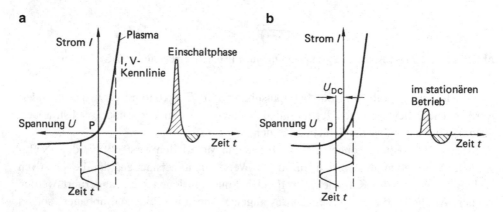

Abb. 5.50 Entstehung einer negativen Gleichspannung U_{DC} am Target in einer Hochfrequenz(HF)-Sputteranlage infolge der unterschiedlichen Beweglichkeit von Elektronen und Ionen. **a** Einschaltzustand mit Elektronenüberschuss; **b** Verschiebung der I,V-Kennlinie durch U_{DC} (Strom-Zeit-Flächen für Elektronen und Ionen sind gleich)

dem Spitzenwert der anliegenden HF-Spannung. Wenn die Potenzialdifferenz zwischen der Glimmentladung und der self-biased Elektrode genügend hoch ist, werden die Ionen ausreichend beschleunigt, um einen Materialabtrag durch Sputtern auszulösen.

Sind die Flächen der beiden Elektroden gleich groß, werden beide Elektroden gleich durch Sputtern abgetragen.

Um das zu verhindern, werden die Elektroden mit unterschiedlich großen Flächen A_1 (Target) und A_2 (Gegenelektrode) ausgeführt. Dadurch, dass der HF-Strom durch das System konstant sein muss, folgt für die Spannungsabfälle V_1 (Target) und V_2 (Gegenelektrode) über den Dunkelräumen der beiden Elektroden:

$$\frac{V_1}{V_2} = \left(\frac{A_2}{A_1}\right)^m \tag{5.25}$$

(Aus der Theorie ergibt sich für $m = 4$, experimentell ermittelte Werte liegen zwischen 1 und 2).

Eine Verkleinerung der Targetfläche A_1 resultiert damit in einem steilen Anstieg des Spannungsabfalls V_1 über dem Target. Der Sputterprozess findet somit nur, wie gefordert, am Target statt. In der Praxis wird der Flächenunterschied zwischen Target und Gegenelektrode durch eine Verbindung der Gegenelektrode mit der Sputterkammer erreicht, wodurch sich die effektive Fläche A_2 der Gegenelektrode stark vergrößert.

Die Frequenz der HF-Spannung liegt im MHz-Bereich und beträgt meist 13,56 MHz. HF-Zerstäuben ermöglicht die Herstellung von Schichten aus beliebigen Metallen und Dielektrika. Typische Abscheideraten sind Abb. 5.51 zu entnehmen. Die Darstellung zeigt, dass die Abscheiderate direkt proportional zur HF-Leistung ist (Ionenstrom direkt proportional zur Leistung).

Abb. 5.51 Sputterrate als Funktion der Hochfrequenz(HF)-Leistung für verschiedene Materialien

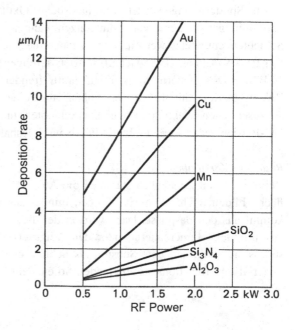

Biaszerstäubung

Bei den bisher betrachteten Zerstäubungsverfahren liegt das Substrat immer auf Masse-potenzial. Wird nun das Substrat gegenüber dem Plasma negativ vorgespannt (im All-gemeinen −50 bis −500 V), so wird die Schicht während des Abscheidens ständig mit Sputtergasionen bombardiert. Die Schichterzeugung durch Sputtern und ein Abtrag durch Sputterätzen finden dabei gleichzeitig statt. Meist wird sowohl beim DC- als auch beim HF-Sputtern eine HF-Vorspannung („rf bias") verwendet. Das Anlegen einer Bias-spannung kann sich in unterschiedlicher Weise auswirken:

a) Die auftreffenden Sputtergasionen können durch Energieübertragung auf Ober-flächenatome deren Oberflächenbeweglichkeit bzw. chemische Reaktionsrate erhöhen.
b) Bei ausreichender Energie ($\approx$ 100 eV) der auftreffenden Ionen können abgeschiedene Schichtatome abgetragen werden („resputtering").
c) Auftreffende Sputtergasionen können die Oberfläche der sich bildenden Schicht schädigen.
d) Die Wafer bzw. die Schicht kann durch den Ionenbeschuss aufgeheizt werden.

Alle diese Mechanismen beeinflussen die Schichteigenschaften wie den Einbau von Sputtergasionen, die Kantenbedeckung, die Schichtspannungen, den Reflexionsgrad, die Korngröße, den spezifischen elektrischen Widerstand, den Widerstand-Temperatur-Koeffizienten, die Oberflächenrauhigkeit, die Schichtadhäsion, die Dichte, die Härte, die Pinhole-Dichte und die Zusammensetzung von Legierungen.

Sputterätzen („sputter etch, reverse sputtering").

Sputterätzen wird primär zur Reinigung der Substrate vor der Schichtabscheidung durch Sputtern angewendet, um natürliche Oxidschichten und oberflächliche Ver-unreinigungen zu entfernen. Sputterätzen kann aber auch zur Strukturierung dünner Schichten eingesetzt werden, wenn zuvor eine geeignete Ätzmaske aufgebracht wird. Der Prozess kann im DC- oder HF-Betrieb durchgeführt werden (Abb. 5.52).

Beim DC-Sputtern müssen die auftreffenden Ar$^+$-Ionen die Möglichkeit zur Rekombination mit Elektronen haben, um eine Aufladung der Substratoberfläche auszuschließen (elektrisch isolierende Schichten und Substrate können folglich nicht im DC-Betrieb geätzt werden). In der Praxis wird deshalb vorrangig im HF-Betrieb geätzt.

Reaktives Zerstäuben

Beim reaktiven Zerstäuben stammen die Atome, die die Schicht auf der Substratober-fläche bilden, nicht allein vom Target; mindestens eine der Komponenten der Schicht kommt aus der Gasphase. Dazu wird in den Rezipienten ein reaktives Gas eingeleitet, das mit dem Targetmaterial oder den freigesetzten Targetatomen chemisch reagiert, sodass sich dann auf dem Substrat als Schicht eine chemische Verbindung aus Target-material und Reaktionsgas abscheidet. So entsteht beim Zerstäuben von Titan in einem

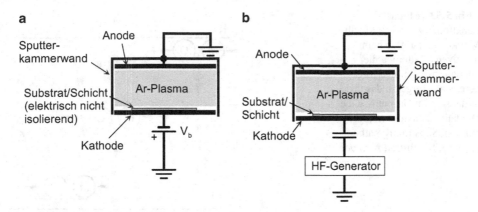

Abb. 5.52 Sputterätzen (Prinzip) **a** Direct-Current(DC)-Sputterätzen; **b** Hochfrequenz(HF)-Sputterätzen

sauerstoffhaltigen Plasma z. B. TiO_2 und beim Zerstäuben von Aluminium Al_2O_3. Die Reaktion kann dabei sowohl am Target (es wird dann das Reaktionsprodukt abgesputtert) als auch im Gasraum oder der Substratoberfläche stattfinden (Abb. 5.53). Mittels reaktivem Sputtern kann in einfacher Weise eine Vielzahl von Karbiden, Nitriden und Oxiden hergestellt werden, indem metallische oder halbleitende Targets verwendet werden und die weitere für die Verbindung notwendige Komponente (C, N_2 oder O_2) der Sputteratmosphäre als Gas zugeführt wird.

Magnetronsputtern

Beim konventionellen DC- und HF-Sputtern tragen nur wenige Elektronen, die beim Zerstäuben des Targets emittiert werden, zur Ionisierung der Sputtergasatome bei. Die meisten Elektronen werden an der Anode gesammelt und führen dort zu einer unerwünschten Erwärmung der Substrate. Eine Technik, die die Anzahl der Elektronen, die zur Ionisierung von Sputtergasatomen beitragen, erhöht, ist das Magnetronsputtern. Dabei wird ein Magnetfeld angelegt, um die Elektronen in der Nähe der Targetoberfläche zu konzentrieren. Man erreicht dies, indem man hinter der Kathodenplatte Permanentmagnete anordnet. Das Feld dieser Magnete (einige hundertstel Tesla) durchdringt die Kathodenplatte (im Allgemeinen aus Cu) und das darauf aufgebondete Target (Abb. 5.54).

Das Prinzip des Magnetronsputterns beruht auf der Erscheinung, dass in einem Magnetfeld der Induktion $\vec{B}$ auf ein sich mit der Geschwindigkeit $\vec{v}$ bewegendes Elektron die Lorentzkraft

$$\vec{F} = q\left(\vec{v} \times \vec{B}\right)$$

wirkt.

Abb. 5.53 Mögliche Reaktionen zwischen Metall M und Sauerstoff O beim reaktiven Sputtern. **a** die Oxidationsreaktion erfolgt bereits am Target; **b** das Oxid bildet sich im Gasraum; **c** die Oxidationsreaktion erfolgt auf dem Substrat. K Kathode (Target); S Substrat; A Anode

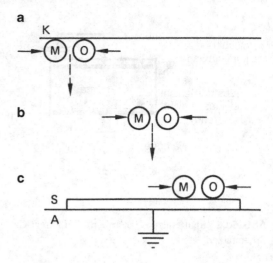

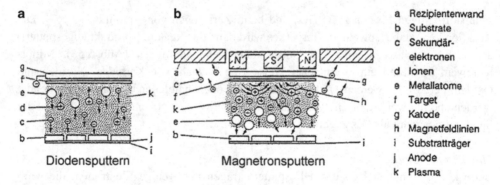

Abb. 5.54 Schematische Darstellung **a** des konventionellen Direct-Current(DC)-Sputterns und **b** des Magnetronsputterns

Abb. 5.55 Elektronenbahn an der Kathodenoberfläche unter dem Einfluss eines Magnetfelds

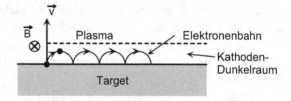

Wenn $\left| \vec{v} \right|$ konstant ist, bewegt sich das Elektron auf einer Kreisbahn mit dem Radius (Abb. 5.55):

$$r = \frac{mv}{qB} (< \vec{B}, \vec{v} = \frac{\pi}{2}).$$

Da die Ablenkungsradien der Elektronen aufgrund ihrer geringen Masse sehr viel kleiner als die der Ionen sind, konzentrieren sich die Elektronen vor der Targetoberfläche. Es ergibt sich dadurch eine viel höhere Wahrscheinlichkeit, Sputtergasatome durch Stöße zu ionisieren. Durch Magnetronsputtern lassen sich somit – im Vergleich zum konventionellen Sputtern – erheblich höhere Sputterraten erzielen (Abb. 5.56). Aufgrund der E×B-Drift und der Konzentration des Plasmas vor der Targetoberfläche fließen die Elektronen nicht mehr direkt – wie beim DC-Sputtern – zum Substrat, sondern zu einer speziellen Anode oder zur Rezipientenwand. Die Aufheizung der Substrate durch Elektronen lässt sich dadurch wesentlich reduzieren. Die Vorzüge der Magnetron-Zerstäubung lassen sich nur in Verbindung mit DC-Betrieb voll nutzen. Magnetronsputtern ist aber auch bei HF-Betrieb möglich, wobei die Zunahme der Sputterrate deutlich geringer ist.

Magnetronkathoden weisen üblicherweise eine planare rechteckige, runde oder ringförmige Form auf (Abb. 5.57). Eine störende Eigenschaft des Magnetronsputterns ist der ungleichförmige Abtrag des Targets. Die Erosion der Targetoberfläche ist dort am größten, wo die Vertikalkomponente des Magnetfeldes null ist, d. h. der Ionisierungsgrad

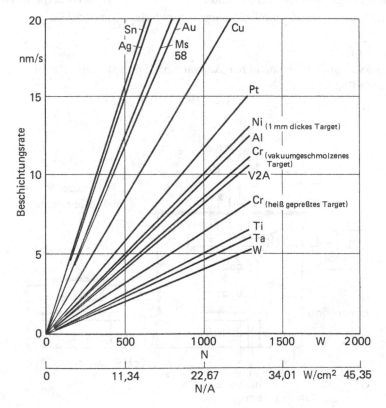

Abb. 5.56 Sputterrate verschiedener durch Magnetronsputtern im Direct-Current(DC)-Betrieb hergestellter Metallschichten. p = 50 Pa; Abstand zwischen Target und Substrat 57 mm

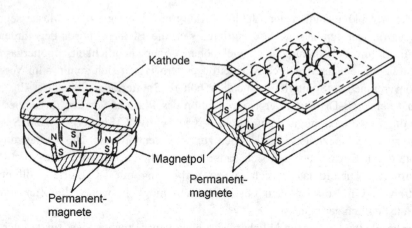

Abb. 5.57 Typische Magnetronkathoden. Links: ringförmiger Typ; rechts: planare rechteckige Form

des Plasmas am größten ist. Werden statisch angeordnete Magnetsysteme benutzt, liegt der Targetausnutzungsgrad beim DC-Magnetron zwischen 20 und 50 %.

Anlagentechnik

Die Abb. 5.58 zeigt den schematischen Aufbau einer Sputteranlage, die im Wesentlichen aus folgenden Einheiten besteht:

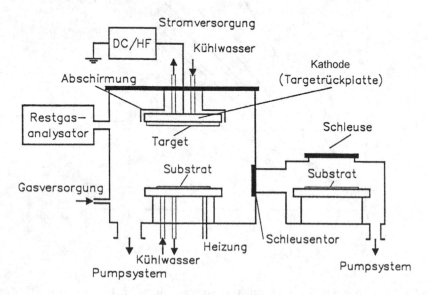

Abb. 5.58 Schematische Darstellung einer Sputteranlage (es sind nicht alle Einheiten dargestellt)

a) Sputterkammer (Rezipient), in der sich ein oder mehrere Targets (mit Wasser-kühlung), Blenden und die Substratauflage (Gegenelektrode) mit Heizung und Wasserkühlung befinden

b) Schleuse zum Be- und Entladen des Rezipienten; in einigen Fällen ist in der Schleuse auch eine Vorbehandlung (z. B. Ausheizen) der Wafer möglich

c) Vakuumpumpsysteme für Rezipient und Schleuse, bestehend aus jeweils einer Vor-pumpe und einer Turbo- oder Kryopumpe

d) Stromversorgung (DC und/oder HF)

e) Gasversorgung (Sputtergas, z. B. Ar, und Reaktionsgase, z. B. O_2, N_2) mit Durchfluss-regler (MFC → Mass Flow Controller)

f) Messgeräte (Vakuummesssysteme, Leistungs- und Voltmeter, Restgasanalysator (Massenspektrometer)

g) Prozessrechner

Neben Anlagen für die gleichzeitige Beschichtung mehrerer Wafer werden insbesondere für größere Waferdurchmesser sogenannte Single-Wafer-Anlagen eingesetzt.

Hinsichtlich der Anordnung von Substrat und Target unterscheidet man zwischen Vertikal- und Horizontalanlagen, wobei letztere den Vorteil einer geringeren Partikel-kontamination aufweisen (Abb. 5.59).

Durch Kathodenzerstäubung herstellbare Schichten

Metalle
Durch Kathodenzerstäubung können beliebige Metalle, auch hochschmelzende, abgeschieden werden. Nachteilig sind insbesondere bei Edelmetallen die hohen Target-kosten.

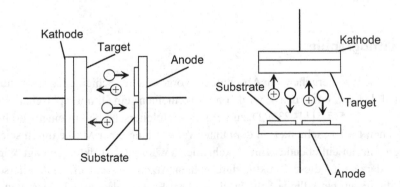

Abb. 5.59 Prinzipielle Anordnung von Target und Substrat bei Horizontal- und Vertikalanlagen

Legierungen
Legierungen lassen sich ebenso wie Metalle durch Sputtern abscheiden, sofern die dafür
notwendigen Targets verfügbar sind. Durch Co-Sputtering (gleichzeitiges Sputtern von zwei
Targets) können Legierungen mit verschiedener Zusammensetzung abgeschieden werden.

Multilayerschichten
Mehrschichtsysteme werden in der Regel in Mehrtargetanlagen hergestellt. Es müssen
dabei geeignete Vorkehrungen getroffen werden (Einbau von Blenden), um eine Quer-
kontamination der Targets auszuschließen.

Chemische Verbindungen (Dielektrika, Isolatoren, Metalloxide)
Verbindungen können entweder durch Zerstäuben entsprechender Targets oder durch
reaktives Sputtern erzeugt werden, wobei mit metallischen oder halbleitenden Targets
und reaktiven Zusätzen (O_2, N_2) in der Sputteratmosphäre gearbeitet wird.

Vorteile des Sputterns gegenüber Vakuumbedampfen
- Es können nahezu alle Materialien abgeschieden werden (z. B. Metalle, Legierungen,
  Dielektrika, Halbleiter, Glas, Keramik)
- Es können auch hochschmelzende Materialien abgeschieden werden (Materialabtrag
  durch Impulsübertragung und nicht durch thermisches Verdampfen)
- Bessere Kantenabdeckung (Teilchen erreichen das Substrat ungerichtet)
- Beibehaltung der Targetzusammensetzung (Schichtzusammensetzung entspricht weit-
  gehend dem Targetmaterial)
- Bessere Schichtadhäsion (Teilchen erreichen das Substrat mit höherer Energie,
  etwa 3–10 eV),
- Reinigung der Substratoberfläche durch Sputterätzen (verbesserte Schichteigen-
  schaften und Schichtadhäsion)
- Erzeugung von Schichten unterschiedlicher Zusammensetzung (Legierungen) durch
  Co-Sputtering

5.2   Lithographie

Um die in den vorhergehenden Abschnitten vorgestellten Schichten zu strukturieren
(definiert lokal zu entfernen), wird im Allgemeinen ein lithographischer Prozess
angewendet ([3], [5–7], [11–23]). Dazu wird die Halbleiterscheibe mit einem strahlungsempfindlichen Lack beschichtet, in dem unter Verwendung einer Maske durch selektives
Bestrahlen und anschließendes Entwickeln die gewünschte Struktur erzeugt wird. Im
Anschluss daran wird diese Struktur durch einen Ätzprozess auf die Halbleiterscheibe
bzw. auf die darauf befindliche Schicht übertragen. Es sind also zwei Prozesse zu unterscheiden: die Strukturerzeugung im Lack und die Übertragung dieser Struktur auf die
Scheibe bzw. in die Schicht.

Entsprechend der Art der Bestrahlung wird unterschieden zwischen

- Photolithographie,
- Elektronenstrahllithographie und
- Röntgenstrahllithographie.

Bei der Photolithographie wird zur Bestrahlung des Lacks sichtbares oder UV-Licht verwendet. Sie stellt das bevorzugte Verfahren in der Mikrosystemtechnik dar. Eine Ausnahme bildet die Herstellung der Photomasken für die Lackbelichtung, bei der auch die Laser- und Elektronenstrahllithographie zur Anwendung kommen. Die Röntgenstrahllithographie findet Anwendung in der LIGA-Technik für die Erzeugung von Strukturen mit hohem Aspektverhältnis.

Positiv- und Negativ-Photoresist
In Abb. 5.60 sind die grundlegenden Schritte des photolithographischen Verfahrens in der Mikrosystemtechnologie dargestellt. Im ersten Prozessschritt wird die Halbleiterscheibe mit einem strahlungsempfindlichen Lack (Photolack, Photoresist) beschichtet und anschließend mithilfe einer Photomaske belichtet. Die Photomaske besteht aus einer Glasplatte, auf der sich die zu übertragende Struktur befindet. Für die Belichtung des Photolacks wird Licht mit einer Wellenlänge zwischen etwa 200 und 450 nm verwendet, das in dem Lack photochemische Prozesse auslöst, durch die die Löslichkeit der Lackschicht in den belichteten Bereichen erhöht (Positivlack) oder verringert (Negativlack) wird. In dem anschließenden Entwicklungsprozess werden die leichter löslichen Gebiete entfernt, sodass auf der Scheibe bzw. Schicht die gewünschte Lackstruktur entsteht.

In Abb. 5.61 ist zusammenfassend das Verhalten von Positiv- und Negativ-Photolack in Abhängigkeit von der Polarität der verwendeten Maske noch einmal zusammengefasst.

Umkehrlack („image reversal resist")
Positivresist weist gegenüber Negativresist einige wesentliche Vorteile auf. Einer davon ist die Anwendung von „dark-field masks" (Dunkelfeldmasken) für die Erzeugung von Löcherstrukturen. Dunkelfeldmasken verhindern weitgehend Defekte, weil der größte Teil ihrer Oberfläche mit einer dünnen, harten Chromschicht bedeckt ist. Die Erzeugung von Inselstrukturen mit Positivresist erfordert aber die Verwendung einer „clear-field mask" (Hellfeldmaske). Die Metallisierung eines Bauelements stellt beispielsweise eine Inselstruktur dar.

Ein Prozess, der die Erzeugung von Inselstrukturen mit Positivresist und einer Dunkelfeldmaske erlaubt, ist die Verwendung von Umkehrlack („image reversal resist"; Abb. 5.62).

1. Resistauftrag mittels Schleuderbeschichtung, Trocknung, Belichtung
2. Der belichtete Bereich wird durch die Belichtung (in einem Entwickler für Positivresist) löslich

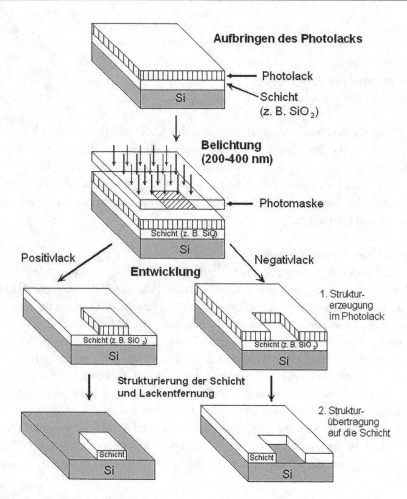

Abb. 5.60 Grundsätzliches Verhalten von Positiv- und Negativ-Photolack

3. Durch die Umkehrtemperung wird der belichtete Bereich unlöslich, es wird CO_2 frei
4. Durch eine vollflächige Belichtung (Flutbelichtung) werden die unbelichteten Bereiche löslich
5. Herauslösen der durch die Flutbelichtung in eine entwicklerlösliche Form überführten Bereiche

5.2.1 Masken- und Reticle-Herstellung

Abhängig von dem verwendeten Belichtungsverfahren werden für die Lackstruktur-erzeugung 1X-Masken oder nX-Reticles verwendet. Mittels einer 1X-Maske (auch als Mastermaske bezeichnet) kann eine Halbleiterscheibe vollflächig in einem einzigen

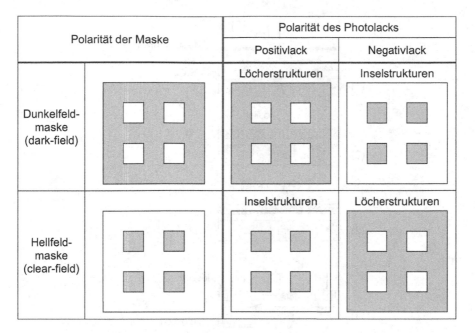

Abb. 5.61 Zusammenfassende Übersicht über das prinzipielle Verhalten von Positiv- und Negativ-Photolack

Belichtungsschritt belichtet werden, d. h. sie überdeckt die gesamte Scheibenfläche und enthält die zu übertragenden Strukturen im Maßstab 1:1. Reticles werden für die Herstellung der Masken bzw. die Waferbelichtung unter Verwendung der Step- und Repeat-Technik eingesetzt. Sie enthalten nur eine einzige oder wenige Strukturen im Maßstab 10:1, 5:1, 4:1 oder 2:1 und müssen, abhängig von der Masken- bzw. Wafergröße, entsprechend oft abgebildet werden. Die Abb. 5.63 gibt einen Überblick über die Maskenherstellungsverfahren, ausgehend von der Datenaufbereitung bis zur 1X-Maske bzw. bis zum nX-Reticle.

Optischer Pattern-Generator
Ein Pattern-Generator besteht aus einer Lichtquelle (z. B. Halogenlampe) mit veränderbarer Blende und einem xy-Tisch, mit dem das zu belichtende Maskensubstrat relativ zur Lichtquelle bewegt werden kann. Die Blende hat eine Rechteckform und kann in ihrer Länge, Breite und Richtung verändert werden. Die zu erzeugende Struktur wird aus rechteckigen Flächenelementen zusammengesetzt (Abb. 5.64). Blende und Tisch werden entsprechend den vorgegebenen Geometriedaten über einen Rechner gesteuert.

Laser- und Elektronenstrahl-Schreiber
Bei diesen Verfahren wird ein mit einem licht- bzw. elektronensensitiven Lack beschichtetes Maskensubstrat seriell mit einem Laser- bzw. Elektronenstrahl belichtet.

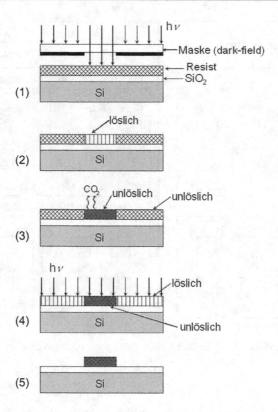

Abb. 5.62 Umkehrlackprozess („image reversal process")

Zur Erzeugung der gewünschten Strukturen werden verschiedene Methoden angewendet (Abb. 5.65):

- Beim Raster-Scan-Verfahren wird der Strahl zeilenweise abgelenkt und an den Stellen, die nicht belichtet werden sollen, ausgetastet (Abb. 5.65a). Laserstrahlschreiber arbeiten ausschließlich nach diesem Prinzip.
- Bei der Vektor-Scan-Methode wird der Strahl direkt auf das Feld positioniert, das belichtet werden soll (Abb. 5.65b). Es kann mit konstantem Strahldurchmesser oder mit an die Struktur angepasster Strahlgröße gearbeitet werden („variable shaped beam").

Maskensubstrate („mask blanks")
Bei der Maskenherstellung kommt dem Substratmaterial (Defektdichte, Transmissions- und Ausdehnungskoeffizient) und der Maskierschicht (Reflexionsgrad) eine besondere Bedeutung zu. Als Substratmaterialien werden Kronglas, Soda-lime-Glas, Borosilikatglas oder Quarzglas verwendet.

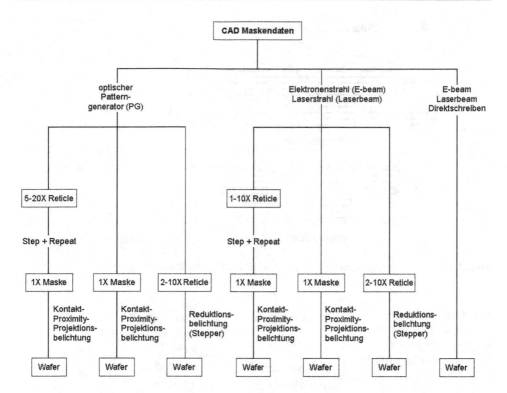

Abb. 5.63 Übersicht über die wichtigsten Verfahren zur Herstellung von Reticles und Masken für die Photolithographie

Abb. 5.64 Aufbau einer **a** Struktur durch **b** rechteckige Flächen bei der Maskenherstellung mittels optischem Pattern-Generator

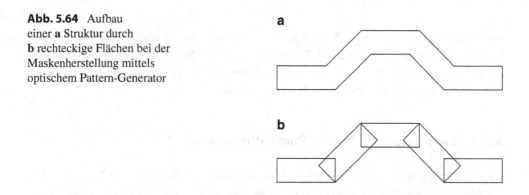

Quarzglas zeichnet sich durch einen niedrigen Ausdehnungskoeffizienten und einen über der Wellenlänge nahezu konstanten Transmissionsfaktor aus (Tab. 5.10 und Abb. 5.66).

Als Maskierschichten werden auf die Maskensubstrate Chrom-, Chrom/Chromoxid- oder Eisenoxidschichten aufgebracht (Dicke 100–170 nm). Zur Strukturierung

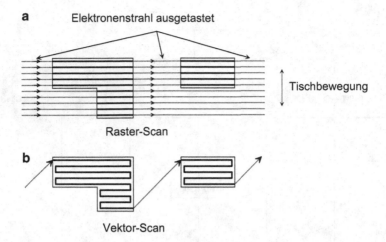

Abb. 5.65 Strahlführung beim Laserstrahl- und Elektronenstrahlschreiben

Maskenmaterial	Thermischer Ausdehnungskoeffizient α [K^{-1}]
Kronglas	$9{,}3 \times 10^{-6}$
Borosilikatglas	$3{,}7 \times 10^{-6}$
Quarzglas	$0{,}5 \times 10^{-6}$
Soda-lime-Glas	$8{,}6 \times 10^{-6}$

Tab. 5.10 Längenausdehnungskoeffizient α für verschiedene Maskengläser (α für Si beträgt etwa $2{,}6 \times 10^{-6}$ K^{-1} bei 300 K)

der Maskierschicht wird eine Photolackschicht aufgebracht, die unter Verwendung eines Reticle und der Step- und Repeat-Technik oder durch Direktschreiben (optischer PG, Laser-, E-Beam) belichtet wird und nach der Entwicklung als Ätzmaske für den eigentlichen Strukturierungsprozess durch Trockenätzen dient.

5.2.2 Prozessschritte bei der Photolithographie

Der photolithographische Prozess umfasst im Wesentlichen die in Abb. 5.67 dargestellten Einzelprozesse, die alle in einer hochreinen Umgebung (Reinraum) durchgeführt werden.

Substratvorbehandlung
Für eine ausreichende Lackhaftung werden die Wafer vor dem Aufbringen des Photoresist ausgeheizt („dehydration baking", 200–300 °C), um auf der Waferoberfläche absorbiertes Wasser zu entfernen. Danach wird zur weiteren Verbesserung der Lackhaftung ein Haftvermittler („primer") aufgebracht. Ein sehr häufig eingesetzter „primer"

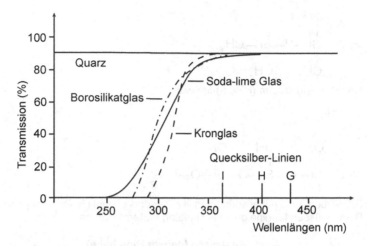

Abb. 5.66 Transmission in der Praxis verwendeter Materialien für die Maskenherstellung

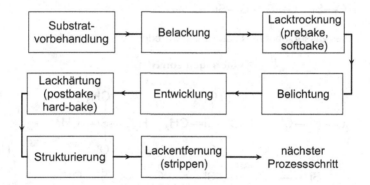

Abb. 5.67 Typische Prozessschritte bei der Photolithographie

ist Hexamethyldisilazan (HMDS), der mittels Schleudertechnik („spin coating") oder aus der Dampfphase aufgetragen wird. Die Abb. 5.68 veranschaulicht die Wirkung von HMDS auf einer SiO_2-Schicht.

Belackung

Der Auftrag des Photolacks auf die Halbleiterscheiben geschieht überwiegend mittels Schleudertechnik („spin coating"). Die Scheiben werden zu diesem Zweck auf einem Drehteller („chuck") mittels Vakuumansaugung festgehalten. Im Ruhezustand oder bei niedriger Drehzahl wird in der Scheibenmitte mit einem Dispenser eine definierte Lackmenge aufgebracht. Es folgt eine Beschleunigung auf einige tausend Umdrehungen pro Minute (etwa 1000–7000 Upm), sodass sich der Lack über die gesamte Scheibe verteilt und überschüssiger Lack abgeschleudert wird (Abb. 5.69). Die für die gewünschte

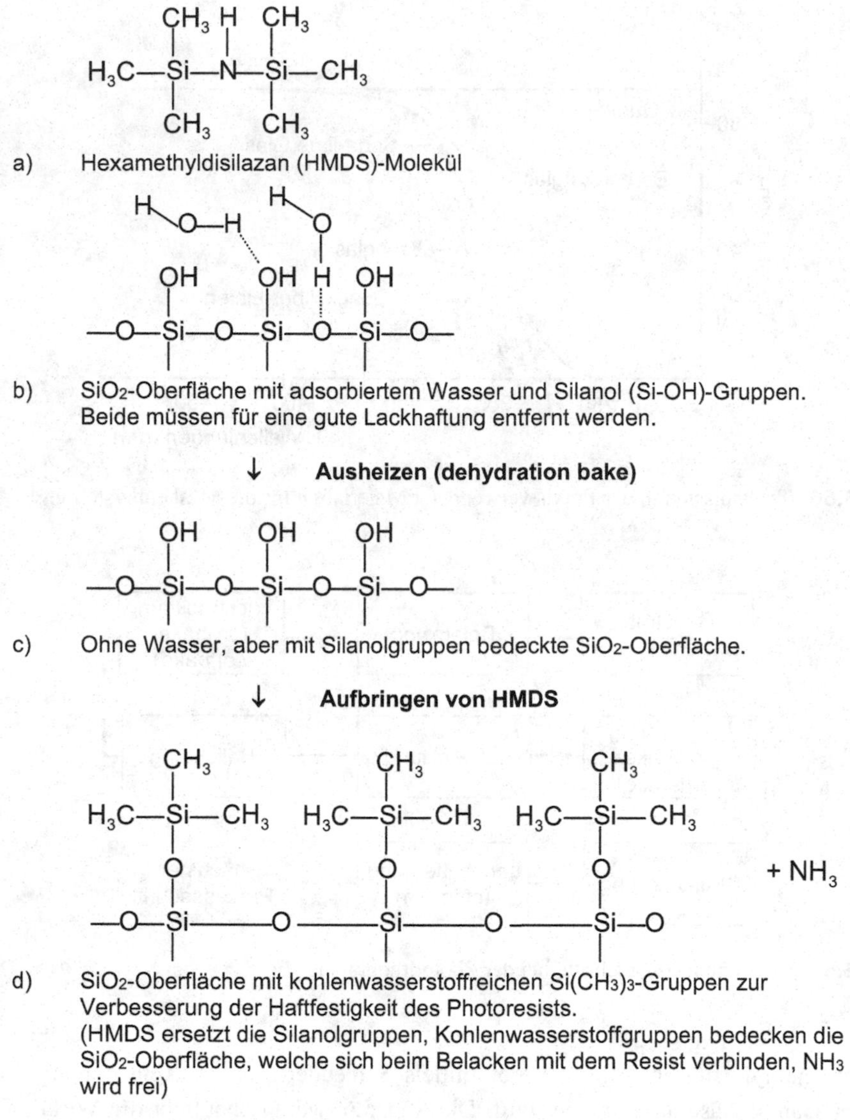

a)   Hexamethyldisilazan (HMDS)-Molekül

b)   SiO$_2$-Oberfläche mit adsorbiertem Wasser und Silanol (Si-OH)-Gruppen.
      Beide müssen für eine gute Lackhaftung entfernt werden.

↓ **Ausheizen (dehydration bake)**

c)   Ohne Wasser, aber mit Silanolgruppen bedeckte SiO$_2$-Oberfläche.

↓ **Aufbringen von HMDS**

+ NH$_3$

d)   SiO$_2$-Oberfläche mit kohlenwasserstoffreichen Si(CH$_3$)$_3$-Gruppen zur
      Verbesserung der Haftfestigkeit des Photoresists.
      (HMDS ersetzt die Silanolgruppen, Kohlenwasserstoffgruppen bedecken die
      SiO$_2$-Oberfläche, welche sich beim Belacken mit dem Resist verbinden, NH$_3$
      wird frei)

Abb. 5.68 Durch Hexamethyldisilazan (HMDS) ausgelöste Reaktion auf einer SiO$_2$-Oberfläche

Lackdicke benötigte Schleuderdrehzahl kann aus Diagrammen der Lackhersteller entnommen werden (Abb. 5.70). Die Belackung und die anschließenden Prozesse Belichtung und Entwicklung werden unter Gelblicht durchgeführt.

Die Belackung von dreidimensional strukturierten Wafern, wie sie häufig in der Mikrosystemtechnik anzutreffen sind, ist nicht mittels Schleudertechnik mit ausreichender Uniformität möglich. Für den Lackauftrag werden in solchen Fällen die Sprühbelackung („spray coating") oder die elektrophoretische („electrodeposition"→ ED) Abscheidung von Photoresist eingesetzt.

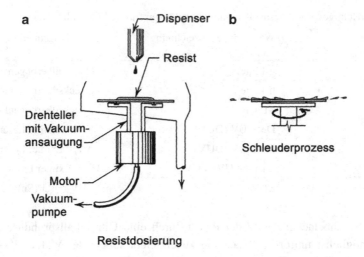

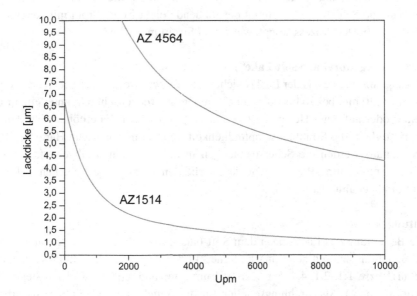

Abb. 5.69 Aufbringen des Photoresist durch Schleudertechnik („spin coating"). **a** Resistdosierung mittels Dispenser; **b** Beschleunigung des Drehtellers auf einige tausend Umdrehungen pro Minute, der überschüssige Lack wird durch die auftretenden Zentrifugalkräfte abgeschleudert, auf der Waferoberfläche bleibt eine gleichmäßig dicke Resistschicht zurück (Verdickung am Waferrand)

Abb. 5.70 Lackschichtdicke als Funktion der Schleuderdrehzahl für die Photolacke AZ1514 und AZ 4564

Tab. 5.11 Wichtige Strahlungsquellen und Wellenlängen für die Photolithographie

Wellenlänge λ [nm]	Wellenlängenbezeichnung	Strahlungsquelle
436	g-Linie	Quecksilberbogenlampe
405	h-Linie	Quecksilberbogenlampe
365	i-Linie	Quecksilberbogenlampe
248	Deep UV (DUV)	KrF – Eximer Laser
193	Deep UV (DUV)	ArF – Eximer Laser
157	Vacuum UV (VUV)	F_2 – Eximer Laser
13,5	EUV	EUV-Laser (Sn)

Bei der Sprühbelackung wird der Resist durch eine Ultraschallsprühdüse zerstäubt. Um eine möglichst uniforme Belackung zu erzielen, rotiert der Wafer (30–60 Upm) während des Sprühens, wobei sich der Düsenarm quer über den Wafer bewegt.

Der elektrophoretische Belackungsprozess ähnelt im Prinzip der galvanischen Abscheidung. Er erfordert eine spezielle Abscheideanlage und einen speziellen Resist (mit geladenen Partikeln) sowie eine elektrisch leitende (metallisierte) Oberfläche. Liegt eine ausreichend hohe Gleichspannung zwischen der metallisierten Waferoberfläche und der Gegenelektrode an, so bewegen sich die geladenen Feststoffpartikel im Resist zur Waferoberfläche und bilden dort eine weitgehend uniforme Schicht. Weil der Resist eine isolierende Schicht bildet, nimmt der fließende elektrische Strom mit zunehmender Schichtdicke ab. Der Prozess stoppt, wenn kein Strom mehr fließt.

Lacktrocknung („prebake/soft-bake")

Um Lösungsmittelreste aus der Lackschicht zu entfernen, werden die Scheiben nach dem Belacken 15–30 min bei 70 bis 90 °C in einem Umlufttrockenschrank, unter einem Infrarotstrahler oder auf einer Heizplatte („hot plate") getrocknet. Es erhöhen sich dabei die Haftfestigkeit, die Strahlungsempfindlichkeit und die mechanische Härte des Lacks. Darüber hinaus werden die Scherspannungen in der Lackschicht abgebaut, entstanden durch den Spin-coating-Prozess. Vor dem Belichten müssen die Scheiben auf Raumtemperatur abgekühlt werden.

Belichtung

Für die Belichtung des Lacks nach dem Soft-bake-Prozess werden sogenannte Masken-Justier-Belichtungsmaschinen („mask aligner") oder Projektionsbelichtungsanlagen verwendet (1:1 bzw. 1:1, 2:1, 4:1, 5:1 oder 10:1 mit „step and repeat" → Wafer-Stepper bzw. Reduktionsstepper). Als Strahlungsquellen für die Belichtung finden Quecksilberbogenlampen und EXIMER[2]-Laser Anwendung (Tab. 5.11).

---

[2]EXIMER → excited dimer

Auflösung und Tiefenschärfe

Für eine Strahlungsquelle mit der Wellenlänge λ ist die kleinste erzeugbare Strukturgröße („minimum feature size") durch

$$x_{min} = \frac{k_1 \lambda}{NA}$$

gegeben.

λ: Wellenlänge

NA: numerische Apertur der Linse auf der Bildseite
      (NA ist gegeben durch $n \cdot \sin \alpha$, wobei 2α dem Öffnungswinkel der Linse im Brennpunkt und n dem Brechungsindex von Luft entspricht)

k_1: Proportionalitätsfaktor

Die Tiefenschärfe (DOF → depth of focus) folgt der Beziehung

$$DOF = \pm \frac{k_2 \lambda}{NA^2}.$$

Immer kleinere Strukturabmessungen lassen sich folglich nur durch eine kürzere Wellenlänge und eine größere NA erreichen. Das hat zur Folge, dass die Tiefenschärfe abnimmt, was extrem hohe Anforderungen an die Ebenheit der Wafer nach sich zieht.

Wie schon oben erwähnt, werden für den eigentlichen Belichtungsprozess Masken-Justier-Belichtungsmaschinen („mask aligner"), Projektionsbelichtungsanlagen und Wafer- bzw. Reduktionsstepper eingesetzt.

Bei der Belichtung mit einem „mask aligner" unterscheidet man zwischen Kontaktbelichtung (Abb. 5.71a) und Proximity-Belichtung (Abb. 5.71b).

Bei der Kontaktbelichtung wird die Photomaske auf die Photolackschicht gepresst.

Vorteil: Auflösung bis unter 1 µm möglich.

Nachteil: Bildung von Defekten im Photolack und der Maske durch Partikel und Ausbrüche.

Bei der Proximity-Belichtung sind Maske und Lackschicht durch einen Spalt, den Proximity-Abstand d (10–30 µm), voneinander getrennt.

Vorteil: Vermeidung von Defekten in der Lackschicht und auf der Maske.

Nachteil: Infolge von Beugungseffekten verringert sich das Auflösungsvermögen im Vergleich zur Kontaktbelichtung. Die minimal erreichbaren Strukturgrößen x_{min} (Linienbreiten bzw. Abstände) liegen in der Größenordnung von

$$x_{min} \approx \sqrt{\lambda \cdot d}$$

d: Proximity-Abstand

λ: Wellenlänge

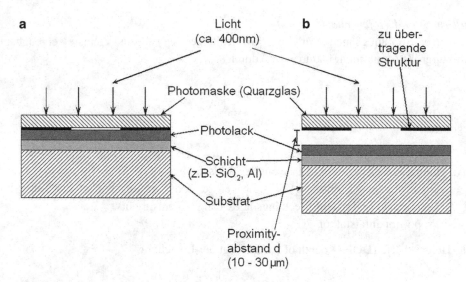

Abb. 5.71 Schematische Darstellung von **a** Kontaktbelichtung und **b** Proximity-Belichtung

Mit $\lambda = 400$ nm und d $= 25$ μm ergibt sich $x_{min} \approx 3$ μm.

Die Abb. 5.72 zeigt den schematischen Aufbau eines „mask aligner" für beide Belichtungsmethoden.

Die in den Abb. 5.72 und 5.73 gezeigten Belichtungsanlagen sind sogenannte Einseiten-Mask-Aligner für die Full-Wafer-Belichtung. Müssen Strukturen auf der Vorder- und Rückseite eines Wafer zueinander justiert und belichtet werden (was sehr häufig in der Mikrosystemtechnik der Fall ist), kommen Doppelseiten-Mask-Aligner zum Einsatz.

Abb. 5.72 Schematischer
Aufbau eines „mask
aligner" für die Kontakt- und
Proximity-Belichtung

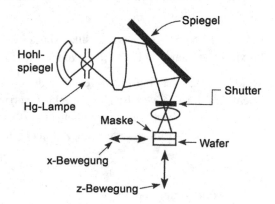

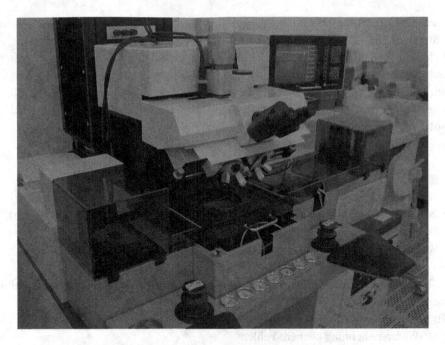

Abb. 5.73 Photo eines „mask aligner" für Kontakt- und Proximity-Belichtung

Die 1:1-Projektionsbelichtung stellt ebenfalls ein Full-Wafer-Verfahren dar, bei dem
Maske und Substrat räumlich voneinander getrennt sind (Abb. 5.74). Die Struktur auf
der Maske wird beispielsweise 1: 1 über ein optisches System und eine sich über die
Maske bewegende Schlitzblende auf die Photolackschicht übertragen.

Abb. 5.74 Schematische
Darstellung einer Eins-zu-eins-
Projektions-und-Scanning-
Belichtungsanlage (Micralign)

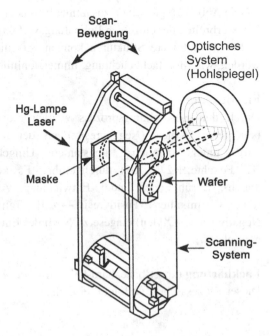

Bei der Projektionsbelichtung nach dem Step- und Repeat-Verfahren kommen
1:1-Stepper und 2:1-, 4:1-, 5:1- oder 10:1-Reduktionsstepper zum Einsatz. Als
Belichtungsquellen werden Quecksilberbogenlampen oder EXIMER-Laser eingesetzt.
Reduktionsstepper bilden die Strukturen auf dem Reticle durch das optische System verkleinert (1:1) auf die Scheibe ab. Stepper haben ein Abbildungsfeld (etwa 32×22 mm^2),
das nur einen Teil des Wafer belichten kann. Die Belichtung der Scheibe geschieht
Schritt für Schritt („step und repeat") durch Verschieben des Wafer-Tischs. Die
theoretische Auflösung x_{min} ist näherungsweise durch

$$x_{min} \geq \frac{k\lambda}{NA}$$

gegeben ($\lambda = 248{,}5$ nm [KrF-Excimer-Laser], $k = 0{,}61$, $NA = 0{,}38 \rightarrow x_{min} \approx 0{,}4$ µm).

Die Vorteile der reduzierenden Projektionsbelichtung sind:

- Toleranzen der Strukturabmessungen auf dem Reticle werden verkleinert auf die
  Scheibe übertragen.
- Es werden nur kleine Bereiche belichtet. Waferverzüge verursachen im Vergleich zur
  Full-Wafer-Belichtung kleinere Fehler.
- Für kleine Abbildungsflächen können Linsen mit höherer numerischer Apertur her-
  gestellt werden, sodass eine höhere Auflösung bzw. kleinere Strukturen erzeugt
  werden können.

Die Abb. 5.75 zeigt den prinzipiellen Aufbau eines Reduktionssteppers mit EXIMER-
Laser.

Die Abb. 5.76 gibt einen zusammenfassenden Überblick über die minimal erzielbaren
Strukturbreiten der einzelnen Belichtungsverfahren.

Für noch feinere Strukturen können verschiedene Belichtungsmethoden verwendet
werden, wie Mehrfachbelichtung, Immersionlithographie etc.

Entwicklung
Durch den Entwicklungsprozess werden die belichteten (Positivresist) bzw. nicht-
belichteten Gebiete (Negativresist) aus der Resistschicht herausgelöst. Der Prozess
wird unter möglichst konstanten Umgebungsbedingungen (Temperatur: $\pm 0{,}5$
°C, Feuchte: ± 2 % RH) durchgeführt. Es kommen drei Verfahren zum Einsatz:
Tauch-, Sprüh- oder Puddle-Entwicklung. Als Entwicklerlösungen werden hochreine Chemikalien (Positivresist $\rightarrow$ z. B. Tetramethylammoniumhydroxid [TMAH];
Negativresist $\rightarrow$ Xylen) eingesetzt. Nach der Entwicklung werden die Wafer gespült und
getrocknet.

Lackhärtung („post-bake, hard-bake, after-*development*-bake").
Dieser Prozessschritt verfolgt drei Ziele:

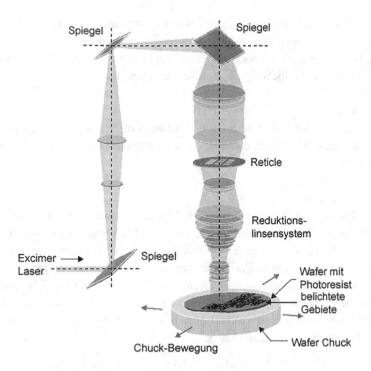

Abb. 5.75 Prinzipieller Aufbau eines Reduktionssteppers mit Laserquelle

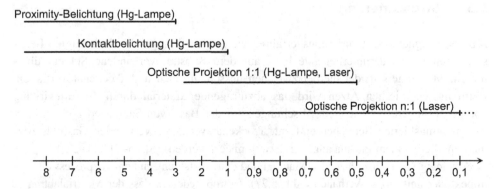

Abb. 5.76 Einsatzbereiche der verschiedenen Belichtungsverfahren

- Entfernung von Entwicklerresten, die während des Entwickelns von der Lackschicht absorbiert wurden
- Verbesserung der Formbeständigkeit und Haftfestigkeit
- Erhöhung der chemischen Stabilität

Übliche Post-bake-Temperaturen liegen zwischen 90 und 120 °C. Es kommen die gleichen Anlagen wie beim „pre-bake" („soft bake") zum Einsatz. Eine wichtige Randbedingung ist, dass die Post-bake-Temperatur nicht höher als die Temperatur gewählt wird, bei der der Lack zu fließen bzw. zu schmelzen beginnt.

Strukturierung

Unter Strukturierung wird die Übertragung der Lackstruktur, die durch den Belichtungs- und den Entwicklungsprozess entsteht, in die darunterliegende Schicht verstanden (s. dazu Abschn. 5.3).

Lackentfernung (Strippen)

Nach Durchführung der Prozessschritte (z. B. Ätzen, Ionenimplantation), bei denen die strukturierte Lackschicht als Maske dient, wird der Lack ganzflächig von der Scheibe entfernt. Positivlacke können z. B. in rauchender Salpetersäure oder einem H_2O_2-H_2SO_4-Gemisch oder in einem Plasmaverascher entfernt werden. Negativlacke werden mittels spezieller Entschichterlösungen (Remover, Stripper), in H_2O_2/H_2SO_4 oder einem Plasmaverascher entfernt. Bei diesem Prozess werden in einem Sauerstoffplasma die Kohlenstoffketten des Photoresist aufgebrochen; es entstehen als Reaktionsprodukte CO, CO_2 und H_2O gemäß folgender Reaktion:

$$\text{Resist} + \text{O (angeregt)} \rightarrow CO_{(g)} + CO_{2(g)} + H_2O_{(g)}$$

5.3   Strukturierung

Mittels geeigneter Strukturierungsverfahren werden die lithographisch erzeugten Lackstrukturen in die darunterliegende bzw. auf dem Substrat vorhandene Schicht übertragen. Man unterscheidet hierbei zwischen nasschemischen und Trockenätzverfahren. Beim nasschemischen Ätzen wird das abzutragende Material durch die Einwirkung von Ätzlösungen (insbesondere Mischungen auf der Basis von Säuren oder Laugen) in den nichtmaskierten Bereichen entfernt. Trockenätzverfahren verwenden Gase als Ätzmedien, die in einem Plasma angeregt bzw. ionisiert werden ([3], [5–7], [11–23]).

Abhängig von dem zu ätzenden Material und dem Verfahren zeigt ein Ätzprozess ein isotropes oder anisotropes Verhalten (Abb. 5.77). Isotrop bedeutet, dass der Materialabtrag in allen Richtungen mit annähernd gleicher Ätzrate fortschreitet. Unter der Ätzrate r wird die Ätzgeschwindigkeit senkrecht zur Substratoberfläche verstanden. Sie ist durch die Beziehung

$$r = \frac{\text{Ätzabtrag}}{\text{Ätzzeit}} \quad [\mu m/\min; \mu m/h]$$

definiert.

Isotropes Ätzverhalten führt zu einer Unterätzung der Ätzmaske (b $\approx$ d), die näherungsweise der Schichtdicke entspricht (Abb. 5.77a). Zu lange Ätzzeiten und schlechte

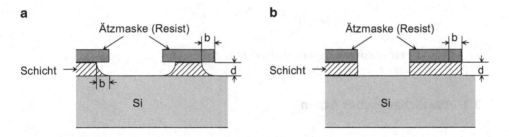

Abb. 5.77 Ätzprofil für **a** isotrope und **b** anisotrope Ätzprozesse

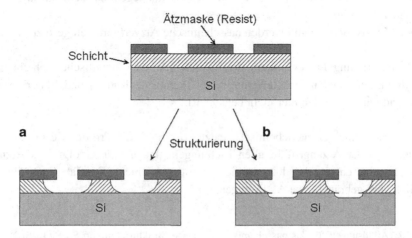

Abb. 5.78 Ätzprofile für **a** selektive und **b** nichtselektive, isotrope Ätzprozesse

Haftung der Ätzmaske führen zu einer größeren Unterätzung. Strukturverkleinerungen/-vergrößerungen durch Unterätzung können durch einen Vorhalt (Strukturvergrößerung/-verkleinerung) auf der Maske ausgeglichen werden.

Anisotropes Ätzen ist durch eine ausgeprägte Richtungsabhängigkeit der Ätzrate gekennzeichnet. Es tritt keine oder nur eine geringe Unterätzung der Ätzmaske auf (Abb. 5.77b).

Eine weitere wichtige Eigenschaft eines Ätzverfahrens ist seine Selektivität S (Abb. 5.78), die das Verhältnis der Ätzraten r_1 und r_2 von zwei Materialien, z. B. der zu strukturierenden Schicht und der Ätzmaske bzw. dem darunterliegenden Trägermaterial ausdrückt:

$$S = \frac{\text{Ätzrate } r_1}{\text{Ätzrate } r_2} = \frac{\text{Ätzrate Material 1}}{\text{Ätzrate Material 2}}$$

Um einen ausreichenden Ätzstopp zu gewährleisten, sollte $S \geq 10$ sein.

Die Gleichmäßigkeit der Ätzrate über dem Substrat wird durch die Uniformität U ausgedrückt:

$$U = \pm \frac{r_{max} - r_{min}}{2\,r_m} \times 100\%$$

mit r_{max}, r_{min}, r_m für maximale, minimale bzw. mittlere Ätzrate.

5.3.1 Nasschemisches Ätzen

Ätzprozesse dieser Art sind in der Siliziumtechnologie sehr weit verbreitet, weil sie einen geringen gerätetechnischen Aufwand erfordern, einen hohen Durchsatz erlauben und im Allgemeinen auch eine ausreichende Selektivität gegenüber dem Substrat und der Ätzmaske aufweisen.

In der Mikrosystemtechnik werden nasschemische Ätzverfahren eingesetzt

- zur Strukturierung dünner isolierender, halbleitender oder metallischer Schichten und
- zur dreidimensionalen Strukturierung von Silizium (s. Kap. 6) und Materialien wie Glas und Quarz (werden hier nicht behandelt).

Werden diese Schichten nasschemisch geätzt, so erhält man Profile wie in Abb. 5.77a dargestellt, da der Ätzangriff in allen Richtungen gleichmäßig erfolgt. Als Ätzmaske dient meist eine entsprechend strukturierte Photolackschicht. Die Tab. 5.12 gibt einen Überblick über gebräuchliche Ätzlösungen.

Tab. 5.12 Ätzlösungen für das nasschemische, isotrope Strukturieren von Si, SiO_2, Si_3N_4, Polysilizium, Au und Al

Zusammensetzung	Material	Ätzrate	Bemerkungen
HF (1 %)	SiO_2	8 nm/min bei 23 °C	Anwendungen ohne Photolackmaske
NH_4F (40 %) 4,1 l HF (59 %)47 l H_2O 1 l	SiO_2	0,1 µm/min bei 23 °C	gepufferte HF, Anwendungen mit Photolackmaske
H_3PO_4 (85 %)	Si_3N_4	3 nm/min bei 160–180 °C	selektiv zu SiO_2
H_3PO_4 (85 %) 42 l CH_3COOH (100 %)3,5 l HNO_3 (65 %) 0,8 l H_2O 5,2 l	Al	200 nm/min bei 30 °C	selektiv zu SiO_2
KJ 4 g J_2 1 g H_2O 40 ml	Au	0,5–1 µm/min bei 23 °C	
HNO_3 (konz.) 500 ml HF (40 %) 15 ml H_2O 200 ml	Polysilizium	0,3 µm/min bei 23 °C	

Für die meisten in der Mikrosystemtechnik verwendeten Materialien sind erprobte Ätzmischungen hoher Reinheit kommerziell verfügbar.

Nasschemische Ätzprozesse nehmen in der Mikroelektronik und Mikrosystemtechnik nach wie vor eine wichtige Stellung ein. Sie finden Anwendung, wenn das isotrope Ätzverhalten kein Problem darstellt oder Schichten ganzflächig angeätzt (gereinigt) oder entfernt werden müssen.

5.3.2 Trockenätzen

Trockenätzprozesse stellen aus heutiger Sicht die wichtigsten Strukturierungsmethoden in der Mikroelektronik und Mikrosystemtechnik dar. Einerseits ist damit eine sehr genaue Übertragung sehr kleiner Strukturen möglich und andererseits können nasschemisch schwer ätzbare Materialien (z. B. Si_3N_4) damit strukturiert werden.

Gegenwärtige Trockenätzprozesse beruhen entweder auf dem Zerstäuben des abzutragenden Materials durch Ionenbeschuss (Sputterätzen, Ionenätzen), auf chemischem Plasmaätzen oder auf einer Kombination aus diesen beiden Verfahren (reaktives Ionenätzen → RIE). Alle Prozesse benutzen zum Ätzen ein Gas (inert oder reaktiv) in Form eines Niederdruckplasmas. Abhängig vom Verfahren wirken die Prozesse isotrop oder anisotrop (Abb. 5.78).

5.3.2.1 Ionen- und Sputterätzen
Sputterätzen und Ionenätzen sind physikalische Ätzverfahren, die beide auf dem Effekt der Katodenzerstäubung beruhen. Das wesentliche Merkmal dieser Verfahren ist, dass ein chemisch inertes Gas, meist Ar, verwendet wird. Mittels eines Plasmas werden Ar^+-Ionen erzeugt, die in einem elektrischen Feld beschleunigt werden und beim Aufprall durch Impulsübertragung Teilchen aus der zu strukturierenden Oberfläche herauslösen (Abb. 5.79 und 5.80).

Der Materialabtrag erfolgt beim Sputter- und Ionenätzen anisotrop, aber nicht selektiv (Abb. 5.81). Es kann ein breites Spektrum von Materialien geätzt werden, auch solche, die chemisch schwer ätzbar sind. Als Ätzmasken werden Photolacke oder Metallschichten (z. B. Ti, Cr) eingesetzt. Typische Ätzraten betragen beim Sputterätzen mit Ar als Prozessgas zwischen 7 und 100 nm/min für Metalle, 2 und 30 nm/min für SiO_2 und Si_3N_4 und 10 und 30 nm/min für Photolacke.

5.3.2.2 Plasmaätzen
Bei Plasmaätzprozessen werden reaktive Gase eingesetzt, die in einem Plasma angeregt bzw. ionisiert werden. Das Plasma enthält also neben Ionen und Elektronen auch angeregte Atome oder Moleküle (Radikale), die mit dem zu ätzenden Material eine chemische Ätzreaktion ausführen können. Als Ätzgase werden meist chlor- oder fluorhaltige Verbindungen eingesetzt, um einkristallines oder polykristallines Silizium, Siliziumoxid, Siliziumnitrid, Metalle (Al, Mo, Cr, W) oder Silizide zu ätzen. Reiner

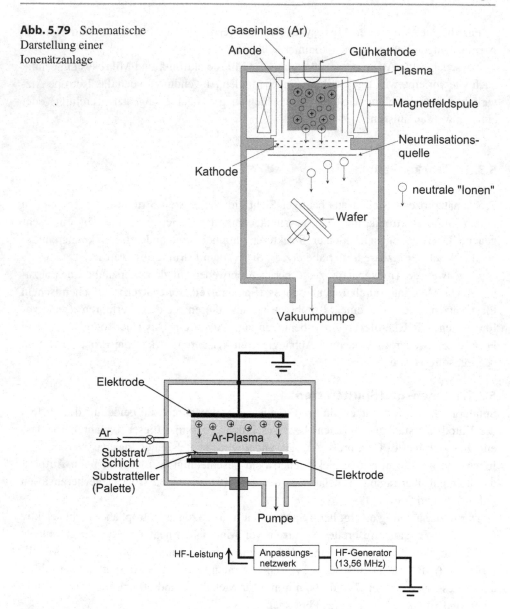

Abb. 5.79 Schematische Darstellung einer Ionenätzanlage

Abb. 5.80 Sputterätzen (Prinzip)

Sauerstoff wird zum Plasmastrippen (Veraschen) von Photolack eingesetzt (Abb. 5.85). Übliche Plasmaätzer sind als Barrel- oder Parallelplattenreaktoren ausgeführt.

Barrel-Reaktor

Diese Reaktoren bestehen aus einer zylinderförmigen Reaktionskammer, die durch eine perforierte zylindrische Abschirmung (Tunnel) in zwei Bereiche unterteilt ist

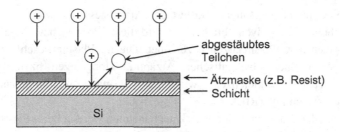

Abb. 5.81 Ätzprofil beim Ionen- bzw. Sputterätzen

(Abb. 5.82). In der äußeren Entladungszone wird durch eine HF-Glimmentladung ein reaktives Plasma erzeugt. Die freien Radikale diffundieren durch die Plasmaabschirmung und reagieren mit der Waferoberfläche. Die Abschirmung hält den Innenraum frei von Ionen, sodass kein Beschuss der Waferoberfläche mit Ionen stattfindet. Der Ätzabtrag ist rein chemisch und isotrop. Barrel-Reaktoren werden hauptsächlich zum Entfernen (Strippen, Veraschen → „photoresist ashing") von Photolack eingesetzt. Als Prozessgas dient dabei Sauerstoff.

Parallelplattenreaktor

Dieser Reaktortyp ist ähnlich einem PECVD-System (Abb. 5.24), es werden aber anstelle der Depositionsgase Ätzgase eingeleitet. Durch die parallele Anordnung der Elektroden lässt sich gegenüber einem Barrel-Reaktor eine sehr viel höhere Ätzuniformität erzielen. In dem Plasma finden sich neben Elektronen angeregte bzw. ionisierte Ätzgasmoleküle und freie Radikale (freie Radikale sind elektrisch neutrale Teilchen mit unvollständigen Bindungen bzw. ungepaarten Elektronen). Wie in Abb. 5.83 veranschaulicht, entwickelt sich zwischen dem Plasma und den Elektroden eine Biasspannung. Ursächlich dafür ist die unterschiedliche Beweglichkeit von Elektronen und Ionen.

In den Ätzprozess sind chemisch reaktive, neutrale Teilchen (freie Radikale) und Ionen involviert. Der Ätzprozess umfasst folglich eine chemische (Radikale) und eine

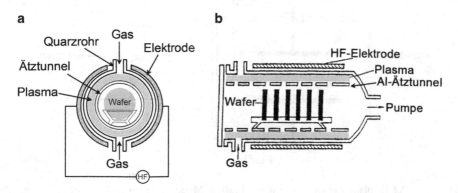

Abb. 5.82 Prinzipieller Aufbau eines Barrel-Reaktors. **a** Querschnitt; **b** Längsschnitt

physikalische Komponente (Ionen). Basiert der Ätzprozess überwiegend auf der Ätz-wirkung der chemisch reaktiven Teilchen, so wird dieser Prozess bzw. Mechanismus als chemisches Ätzen bzw. Plasmaätzen bezeichnet. Die im Plasma beschleunigten Ionen bewirken dagegen einen physikalischen Ätzabtrag (Ionenätzen bzw. Sputterätzen). Wenn beide Mechanismen gleichzeitig wirken, spricht man von „ion-enhanced etching" bzw. „reactive ion etching" (RIE).

Entsprechend den unterschiedlichen Ätzmechanismen werden beim Plasmaätzen zwei Modes unterschieden: Plasma Mode und Reactive Ion Mode.

Plasma Mode (häufig nur als „Plasmaätzen" bezeichnet)
Bei dieser Prozessvariante ist die Elektrode, auf der sich die zu ätzenden Wafer befinden, mit Masse verbunden (Abb. 5.83a). Der Spannungsabfall V_g zwischen dem Plasma und der geerdeten Elektrode ist entsprechend

$$\frac{V_{HF}}{V_g} = \left(\frac{A_g}{A_{HF}} \right)^m$$

relativ niedrig, weil die Fläche A_g (Elektrode und Rezipient) wesentlich größer als die Fläche A_{HF} der Gegenelektrode ist (Abb. 5.83b).

Der Ätzabtrag durch Ionenätzen (Ionenenergie <100 eV) ist damit sehr gering, der chemische Ätzabtrag dominiert, sodass anisotrope Ätzprofile nicht realisierbar sind. Der Arbeitsdruck im Plasma Mode liegt zwischen 10 und 100 Pa.

Reactive Ion Etching Mode (reaktives Ionenätzen)
Liegen, wie in Abb. 5.84 veranschaulicht, die Wafer auf der kleineren Elektrode (mit dem HF-Generator verbunden), spricht man von RIE. Richtiger wäre es, von „reactive

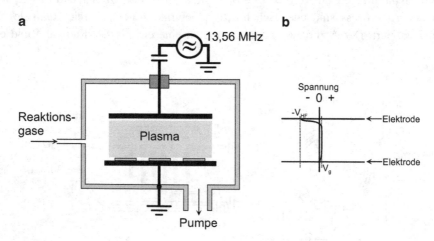

Abb. 5.83 Parallelplattenreaktor. **a** Prinzip: Plasma Mode; **b** Spannungsverlauf zwischen den Elektroden

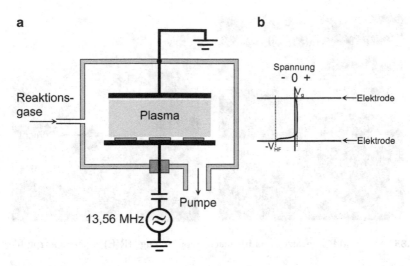

Abb. 5.84 Parallelplattenreaktor. **a** Prinzip: „reactive ion etching"; **b** Spannungsverlauf zwischen den Elektroden

and ion etching" zu sprechen, weil beide Ätzmechanismen (chemisch durch freie Radikale und physikalisch durch Ionen) am Ätzabtrag beteiligt sind.

Ionen, die auf die Wafer auftreffen, können eine kinetische Energie bis zu einigen hundert Elektronenvolt haben. Beim Aufprall werden oberflächennahe Bindungen zerstört, wodurch sich die Wahrscheinlichkeit einer chemischen Ätzreaktion erhöht. Die hierfür notwendigen Reaktanten werden entweder aus dem umgebenden Gas entnommen oder sie befinden sich bereits in den beschleunigten Ionen. Der Arbeitsdruck beim reaktiven Ionenätzen liegt zwischen 1 und 10 Pa, ist also niedriger als im Plasma Mode (Plasmaätzen).

Ein niedriger Arbeitsdruck bedeutet weniger Kollisionen der Ionen auf ihrem Weg zur unteren Elektrode, d. h. ein gerichteter Ionenstrom erreicht die Wafer.

Der Ätzabtrag durch Ionenbeschuss ist beim reaktiven Ionenätzen wesentlich höher als beim Plasmaätzen. Daraus resultieren weitgehend anisotrope Ätzprofile (Abb. 5.85). Mit RIE können sehr kleine Strukturen erzeugt werden, es ist damit einer der wichtigsten Schlüsselprozesse der Mikroelektronik.

In Tab. 5.13 sind Ätzgase zum Trockenätzen von Si, SiO_2, Si_3N_4, Al und Photolack (Strippen, Veraschen) aufgelistet.

Endpunkterkennung

Um das Ende des Ätzprozesses erkennen zu können, sind Parallelplattenreaktoren im Allgemeinen mit einer Endpunkterkennung ausgerüstet. Häufig wird dabei der Intensitätsverlauf einer Spektrallinie des Plasmaspektrums detektiert oder ein Laserinterferometer zur Prozesssteuerung herangezogen (Abb. 5.86 und 5.87). Beim Ätzen von Polysilizium und Siliziumnitrid sind dies die Linien mit einer Wellenlänge von 704 nm bzw. 336 nm.

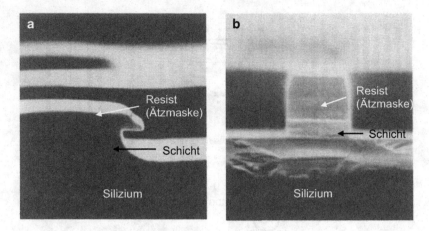

Abb. 5.85 Mittels **a)** Plasmaätzen und **b)** „reactive ion etching" (RIE) erzeugte Ätzprofile

Tab. 5.13 Übliche Ätzgase zum Ätzen von Si, SiO_2, Si_3N_4, Al und Photolack

Material	Ätzgase	Selektiv zu
Si	CCl_4, SF_6, CF_4/O_2	SiO_2
SiO_2	$C2F_6$, C_3F_8	Si
Si_3N_4	CF_4, SF_6	SiO_2
Al	CCl_4, BCl_3/Cl_2	SiO_2
Photolack	O_2	Si, SiO_2, Si_3N_4, Al

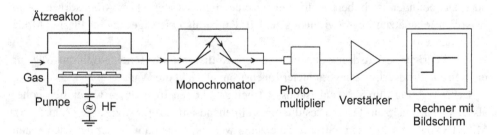

Abb. 5.86 Endpunkterkennung mittels Emissionsspektrometrie

Die wesentlichen Kenngrößen eines Plasmaätzprozesses sind die Ätzrate, die Selektivität, die Uniformität und der Grad der Anisotropie (nicht immer sind vollkommen vertikale Ätzprofile erwünscht). Um das gewünschte Verhalten zu erzielen, müssen die Prozessparameter (Arbeitsdruck, Gaszusammensetzung, Gasflüsse, Substrattemperatur, HF-Leistung) sorgfältig optimiert und geregelt werden. Bei Mehrscheibenanlagen (z. B. Barrel-Reaktor) spielt zudem die Beladung (Anzahl der Wafer) eine wichtige Rolle.

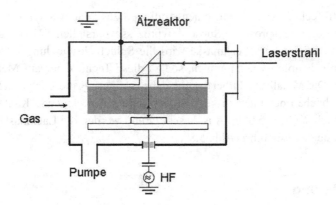

Abb. 5.87 Endpunkterkennung mittels Laser-Interferometer

5.4   Abhebetechnik (Lift-off-Technik)

Bei diesem Verfahren erfolgt zuerst die Aufbringung und Strukturierung der Photolackschicht und anschließend die Schichtabscheidung (Abb. 5.88). Danach wird die Lackmaske in einem geeigneten Lösungsmittel entfernt, sodass auf den lackfreien Flächen die abgeschiedene Schicht zurückbleibt.

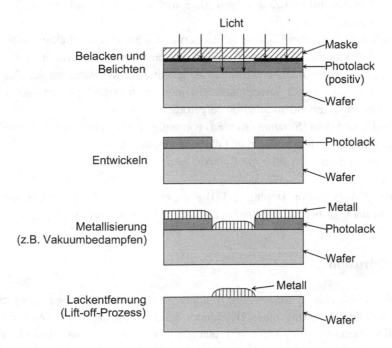

Abb. 5.88 Prinzipieller Prozessablauf bei der Lift-off Technik

Die Lift-off-Technik stellt somit einen Additivprozess dar, während die bisher diskutierten Strukturierungsprozesse Substraktivprozesse darstellen. Wegen der geringen Temperaturbeständigkeit der Lackmaske wird die Schichtabscheidung im Allgemeinen durch Vakuumbedampfen vorgenommen, sodass diese Technik nur auf Metallschichten anwendbar ist. Die Metallschichtdicke sollte dabei kleiner als die Lackschichtdicke sein. Ein sicheres Abheben der Lackmaske lässt sich durch überhängende Kanten der Lackstrukturen erreichen (Abb. 5.89b). Aus diesem Grund werden die Lackmasken häufig als Zweischichtsysteme ausgeführt (Abb. 5.89a).

5.5   Dotierung

Halbleiter werden dotiert, um ihre elektrischen Eigenschaften in definierter Weise zu verändern ([3], [5–7], [11–23]). Die Veränderung hängt von der Konzentration der Dotieratome und ihrer energetischen Lage im Bändermodell des Halbleiters ab (Abb. 5.90).

Bei Silizium bevorzugt man Elemente, die entweder nahe der Valenzbandkante oder nahe der Leitungsbandkante liegen. Elemente der III. Gruppe des Periodischen Systems wie Bor, Al, Ga und In bewirken einen Löcherüberschuss (p-Leitung), solche der V. Gruppe wie P, As und Sb einen Elektronenüberschuss (n-Leitung).

Durch das Einbringen von Elementen der VI. Gruppe des Periodischen Systems (z. B. Schwefel, Selen, Tellur) in GaAs wird n-Leitung erzielt. Elemente der II. Gruppe wie Beryllium, Magnesium und Zink zeigen Akzeptorverhalten und führen zu einem Überschuss an Löchern (p-Leitung).

Die Abb. 5.91 zeigt den Einfluss der Dotierungsdichte und des Leitungstyps auf den spezifischen elektrischen Widerstand von Silizium und GaAs. Die Kurven verdeutlichen den großen Wertebereich des elektrischen Widerstands durch Variation der Dotierungsdichte. In Abb. 5.92 ist der Temperaturkoeffizient des spezifischen elektrischen Widerstands von p- und n-leitendem Silizium aufgetragen.

Zur Dotierung von Silizium werden vorrangig zwei prinzipiell unterschiedliche Methoden eingesetzt: die Diffusion und die Ionenimplantation.

Im weitesten Sinn kann auch die Epitaxie zu den Dotierverfahren gezählt werden (s. Abschn. 5.1.3).

Neutron Transmutation Doping (NTD) stellt ein weiteres Dotierverfahren dar, dass aber nur für die n-Dotierung von ganzen Si-Stäben eingesetzt wird (s. Abschn. 3.1.3).

5.5.1   Diffusion

Allgemein findet eine Diffusion von Teilchen statt, wenn ein Konzentrationsgefälle besteht. Bei der Dotierung eines Halbleiters durch Diffusion wird dieser bei relativ hohen Temperaturen (950–1150 °C) einer hohen Konzentration des Dotierstoffes

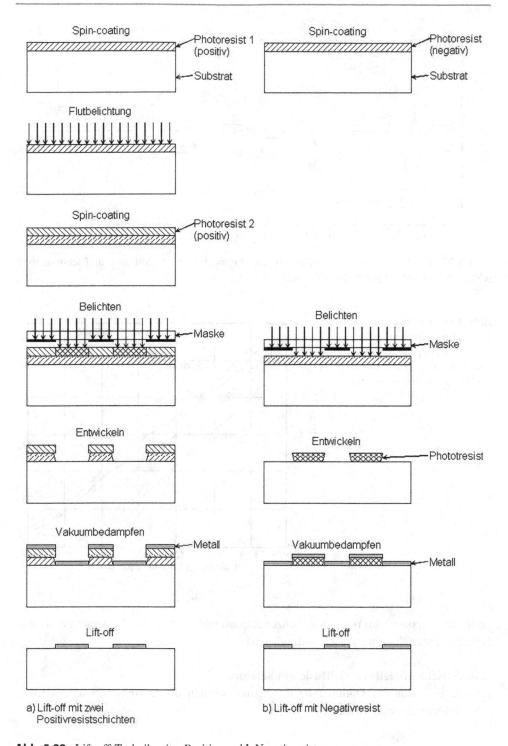

a) Lift-off mit zwei
   Positivresistschichten

b) Lift-off mit Negativresist

Abb. 5.89 Lift-off-Technik mit **a** Positiv- und **b** Negativresist

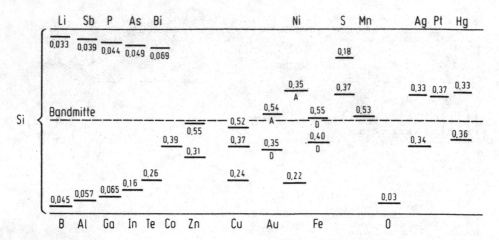

Abb. 5.90 Energetische Lage der Niveaus von Fremdatomen im Silizium in Elektronenvolt (eV; gerechnet von der jeweiligen Bandkante)

Abb. 5.91 Einfluss der Dotierungsdichte und des Leitungstyps auf den spezifischen elektrischen Widerstand von Silizium und GaAs

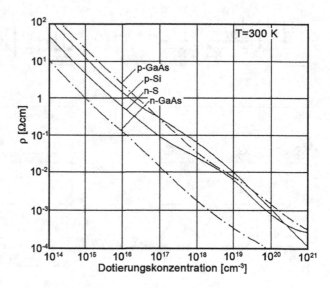

ausgesetzt, sodass aufgrund des Konzentrationsunterschieds die Dotieratome in das Halbleiterinnere hineinwandern (diffundieren).

Atomistische Modelle der Diffusion in Silizium

Für die Diffusion der Dotieratome in Silizium werden die in Abb. 5.93 dargestellten Mechanismen als wahrscheinlich betrachtet.

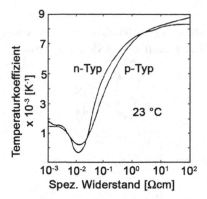

Abb. 5.92 Temperaturkoeffizient des spezifischen elektrischen Widerstands als Funktion der Dotierungsdichte für p- und n-leitendes Silizium

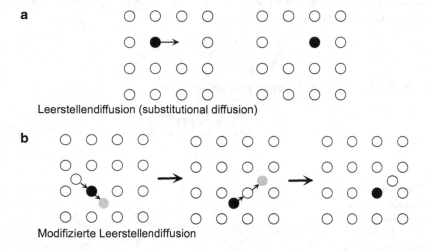

Abb. 5.93 Diffusionsmechanismen von Dotieratomen in Silizium. a) Die Dotieratome ● bewegen sich durch das Gitter durch „Springen" von einem Gitterplatz zum nächsten. Weil die Leerstellenkonzentration sehr niedrig ist, verläuft der Prozess relativ langsam (schneller bewegen sich Fremdatome, die über Zwischengitterplätze diffundieren). b) Das Zwischengitter-Siliziumatom ○ („self-interstitial") verdrängt das Dotieratom ● das sich auf einem regulären Gitterplatz befindet, das dann einen Zwischengitterplatz einnimmt. Diese Position des Dotieratoms ist aber nur eine Zwischenstation bei seiner Bewegung von einem Gitterplatz zum nächsten. Die Diffusion von Bor und Phosphor in Silizium verläuft hauptsächlich nach diesem Prozess

Diffusionsgleichungen

Die Diffusion der Dotieratome bei Vorhandensein eines Konzentrationsgradienten kann durch das 1. Ficksche Gesetz (Adolf Fick 1855) ausgedrückt werden (eindimensionaler Fall; Abb. 5.94):

$$F = -D\frac{\partial N}{\partial x} \tag{5.26}$$

F   Flussdichte [Atome $\text{cm}^{-2}\text{s}^{-1}$]
D   Diffusionskoeffizient [cm^2s^{-1}]
$\frac{\partial N}{\partial x}$ Konzentrationsgradient

Das negative Vorzeichen drückt aus, dass sich die Teilchen von der höheren zur niedrigeren Konzentration bewegen.

Eine anschauliche Beschreibung des Konzentrationsprofils liefert das 2. Ficksche Gesetz, das die Konzentration als Funktion der Zeit und des Orts ausdrückt. Es lässt sich anhand von Abb. 5.95 ableiten.

$$\frac{\Delta N}{\Delta t} = \frac{\Delta F}{\Delta x} = \frac{F_{in} - F_{out}}{\Delta x} \tag{5.27}$$

Mit Gl. 5.26 folgt damit für den eindimensionalen Fall:

$$\frac{\partial N}{\partial t} = \frac{\partial F}{\partial x} = \frac{\partial}{\partial x}\left(D\frac{\partial N}{\partial x}\right) \tag{5.28}$$

Abb. 5.94 Durch den vorhandenen Konzentrationsgradienten verursachte Diffusion (eindimensionaler Fall)

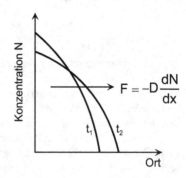

Abb. 5.95 Fluss in (F_{in}) ein bzw. aus (F_{out}) einem Volumenelement; die Zunahme ΔN der Konzentration in dem Volumenelement ist gleich der Differenz der Flüsse F_{in} und F_{out}

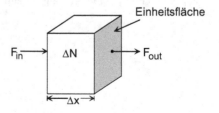

Für D = konst. folgt für Gl. 5.28:

$$\frac{\partial N}{\partial t} = D \frac{\partial^2 N}{\partial x^2}$$

Analytische Lösung der Diffusionsgleichungen

Bei der Dotierung von Silizium mittels Diffusion interessieren zwei Problemfälle, die sich aus verschiedenen Randbedingungen ergeben:

Die Diffusion aus einer *unerschöpflichen* bzw. *erschöpflichen Quelle*.

Diffusion aus einer unerschöpflichen Quelle

Diese Situation liegt vor, wenn in der Umgebung eines Wafer während des Diffusions-prozesses eine konstante Dotierkonzentration aufrechterhalten wird. Diese Bedingung resultiert in einer konstanten Oberflächenkonzentration N_0.

Die Randbedingungen lauten:

$$N(x > 0; t = 0) = 0$$

$$N(x = 0; t > 0) = N_0$$

Die Lösung des 2. Fickschen Gesetzes lautet in diesem Fall:

$$N(x, t) = N_0 \operatorname{erfc} \frac{x}{2\sqrt{Dt}} \qquad (5.29)$$

N_0 Oberflächenkonzentration $[\text{cm}^{-3}]$
D   Diffusionskoeffizient $[\text{cm}^2\text{s}^{-1}]$
t   Diffusionszeit $[\text{s}]$
x   Ortskoordinate $[\text{cm}]$

Erläuterung:

Die Fehlerfunktion erf(z) ist das Integral der Gauß-Verteilung, gegeben durch

Abb. 5.96 Erfc-Diffusionsprofile für verschiedene Diffusionsparameter

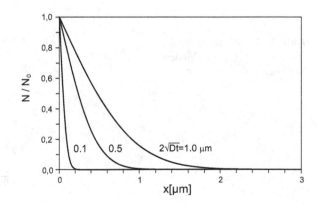

$$\text{erf(z)} = \frac{2}{\sqrt{\pi}} \int\limits_0^z e^{-\tau^2} d\tau.$$

Die komplementäre (bzw. konjugierte) Fehlerfunktion erfc(z) ist definiert durch:
erfc(z) = 1 − erf(z).

Diffusionsprofile für die Diffusion aus einer unerschöpflichen Quelle (Gl. 5.29) sind in Abb. 5.96 zu finden.

Diffusion aus einer erschöpflichen Quelle
In diesem Fall ist die Waferoberfläche mit einer bestimmten Dotandenkonzentration belegt. Diese Oberflächenbelegung stellt eine erschöpfliche Dotierquelle dar, die beispielsweise durch eine sehr dünne dotierte Epischicht oder durch Ionenimplantation erzeugt werden kann.

Die Oberflächenbelegung Q wird für die Ermittlung des Diffusionsprofils durch Q = N_0h ausgedrückt.

Mit den Anfangs- und Randbedingungen

$$N(x, 0) = \begin{cases} N_0, 0 < x < h \\ 0, x > h \end{cases} \text{(Oberflächenbelegung)}$$

$$\left[\frac{dN(x, t > 0)}{dx} \right]_{x=0} = 0 \quad \text{(kein Fluss über die Oberfläche)}$$

erhält man für die resultierende Verteilung der Dotieratome ein Gauß-Profil (Abb. 5.97):

$$N(x, t) = \frac{Q}{\sqrt{\pi Dt}} \exp\left[-\left(\frac{x}{2\sqrt{Dt}} \right)^2 \right]$$

Daraus lässt sich ableiten:

Abb. 5.97 Diffusionsprofil (Gauß-Profil) für verschiedene Werte von $\sqrt{Dt}$

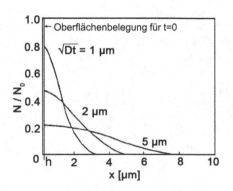

- Die maximale Konzentration nimmt mit $1/\sqrt{t}$ ab und ist durch $N(0,t)$ gegeben.
- Die Oberflächenkonzentration ($x = 0$) beträgt zur Zeit t: $N_0(t) = \frac{Q}{\sqrt{\pi Dt}}$.
- Für $x = 2\sqrt{Dt}$ ist $N(x, t)$ auf 1/e der Oberflächenkonzentration abgefallen.

Diffusionssysteme und Diffusionsquellen

Die Dotierung von Silizium durch Diffusion findet in offenen Systemen („open tube systems") statt, wie sie für die Oxidation Anwendung finden (Horizontal- bzw. Vertikalöfen; s. Abschn. 5.1.1.2). Als Dotierstoffe kommen für die p-Dotierung ($\rightarrow$ Löcherleitung) Elemente der III. Gruppe (B, Al, Ga), für die n-Dotierung ($\rightarrow$ Elektronenleitung) Elemente der V. Gruppe (P, As, Sb) des Periodischen Systems zum Einsatz. Für die p-Dotierung wird üblicherweise als Dotierstoff Bor verwendet, in Ausnahmen Aluminium oder Gallium. Phosphor ist der am häufigsten verwendete Dotierstoff für die n-Dotierung, es kommen aber auch Arsen (As) oder Antimon (Sb) zum Einsatz. Die Auswahl geschieht anhand der Aktivierungsenergie, der Diffusionskoeffizienten und des Unterschieds der Atomradien von Silizium und Dotierstoff („misfit factor").

Als Träger der Dotierstoffe ($\rightarrow$ Dotierquellen) werden gasförmige, flüssige und feste Verbindungen des Dotierstoffs eingesetzt. Dotiergase für die p-Dotierung sind Boran (BH_3) und Diboran (B_2H_6), für die n-Dotierung Phosphin (PH_3).

Die Abb. 5.98 gibt den schematischen Aufbau eines Diffusionssystems mit gasförmiger Dotierquelle wieder. Als Trägergas wird Ar oder N_2 verwendet.

In Abb. 5.99 ist ein Diffusionssystem mit einer Flüssigquelle dargestellt. Als Dotierquellen haben sich Trimethoxyboran (TMB $\rightarrow$ B(CH$_3$O)$_3$) und Trimethoxyphosphin (TMP $\rightarrow$ P(CH$_3$O)$_3$) weitgehend durchgesetzt. Vorteile der Flüssigquellen sind die einfache Handhabung, das geringe gesundheitliche Risiko sowie die hohe Reinheit dieser Produkte. Das Trägergas (N_2, O_2) wird mit dem Dotierstoff angereichert, indem es durch die Flüssigquelle geleitet wird, die durch ein Temperaturbad auf einer bestimmten Temperatur gehalten wird.

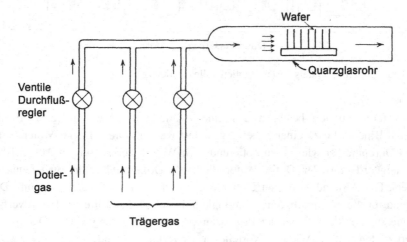

Abb. 5.98 Diffusionssystem mit gasförmiger Dotierquelle

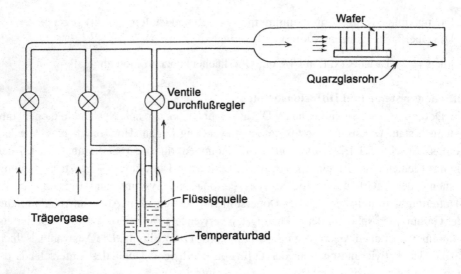

Abb. 5.99 Diffusionssystem mit flüssiger Dotierquelle

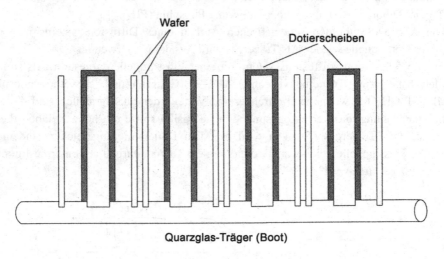

Abb. 5.100 Dotierung mittels Feststoffdotierquelle (Dotierwafer)

Feststoffdotierquellen bestehen aus einer Dotierstoffverbindung (z. B. Bornitrid) und einem Binder, die zu einer Scheibe gesintert werden. Diese Dotier-Wafer, mit dem gleichen Durchmesser wie die zu dotierenden Si-Wafer, werden wie in Abb. 5.100 dargestellt angeordnet (jeder Dotier-Wafer dient als Dotierquelle für zwei benachbarte Si-Wafer). Der Abstand zwischen Dotier-Wafer und Si-Wafer beträgt 2–3 mm. Dotier-Wafer sind für die in der Siliziumtechnologie üblichen Dotierstoffe (B, P, As) verfügbar. Der Dotierstoff verdampft bei der Prozesstemperatur und gelangt durch Dampfphasentransport zu den Wafern. Wichtige Vorteile dieses Verfahrens sind:

- Extrem einfaches Gasversorgungssystem,
- keine Umweltprobleme mit ausströmenden giftigen und explosiven Gasen,
- keine aufwendigen Sicherheitsmaßnahmen.

Diffusionsmaske

Um eine lokal selektive Dotierung durch Diffusion zu erzielen, muss eine bezüglich des Dotierstoffs undurchlässige Maskierschicht aufgebracht und in den zu dotierenden Bereichen geöffnet werden. Bei Silizium besteht diese Maske in der Regel aus thermischem SiO_2. An den Kanten der Maske erfolgt die Diffusion dabei dreidimensional, die Struktur erfährt damit durch die laterale Diffusion gegenüber der Maske eine Vergrößerung (Abb. 5.101).

5.5.2   Ionenimplantation

Das Prinzip der Ionenimplantation beruht darauf, dass ionisierte Atome oder Moleküle (der Dotierstoff) in einem elektrostatischen Feld beschleunigt und in den zu dotierenden Halbleiter eingeschossen (implantiert) werden. Als Dotierstoffe finden bei Silizium vor allem Bor, Phosphor und Arsen Anwendung. Bei GaAs werden wegen der hohen Beweglichkeit der Elektronen hauptsächlich Donatorelemente wie Silizium, Selen und Schwefel implantiert. Mittels Ionenimplantation können sowohl sehr geringe als auch sehr hohe Dotierungskonzentrationen erzeugt werden. Die maximale Konzentration hängt dabei nicht von der Löslichkeitsgrenze ab, da die Ionenimplantation einen Nichtgleichgewichtsprozess (im Gegensatz zur Diffusion) darstellt.

Reichweite implantierter Ionen

Die in den Kristall eindringenden Ionen verlieren ihre Energie durch elektronische und nukleare Bremskräfte.

(elektronische Bremskraft: relevant bei hoher Ionenenergie, vergleichbar mit Reibung; nukleare Bremskraft: relevant bei niedriger Ionenenergie, bewirkt Richtungsänderung).

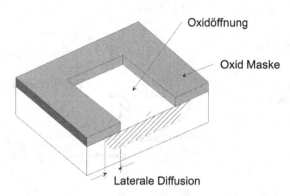

Abb. 5.101 Veranschaulichung der Strukturvergrößerung durch laterale Diffusion bei der Dotierung durch Diffusion

Aus dem ortsabhängigen Energieverlust kann die Weglänge R des Ions im Target berechnet werden. Es ist aber nicht möglich, den Weg des eindringenden Ions experimentell im Festkörper zu verfolgen, um R zu bestimmen (was für die endgültige Ruhelage des Ions ohne Bedeutung ist). Was dagegen experimentell erfasst werden kann, ist die auf die Oberflächennormale projizierte Reichweite R_p. Die Eindringtiefe der Ionen hängt außer von der Energie und der Masse der Ionen auch von der Atommasse des Targetmaterials (Wafer) ab.

Rechnerisch bestimmte mittlere Werte für R, R_p, ΔR_L (Abb. 5.102) können für übliche Substratmaterialien, Dotierstoffe und Energien aus Tabellen entnommen werden.

Die Verteilung (Implantationsprofil) der implantierten Ionen in Abhängigkeit von der Tiefe x ergibt sich aus der mittleren projizierten Reichweite R_p, der Standardabweichung ΔR_p und der implantierten Dosis N^* zu

$$N(x) = \frac{N^*}{\sqrt{2\pi}\,\Delta R_p} \exp\left[-\frac{(x - R_p)^2}{2\Delta R_p^2}\right].$$

Das Dotierungsprofil N(x) implantierter Schichten entspricht annähernd einer Gauß-Verteilung, deren Maximum innerhalb des Halbleiters liegt.

Im Maximum des Dotierungsprofils befinden sich

$N_{max} = \frac{N^*}{\sqrt{2\pi}\,\Delta R_p}$ Atome pro Volumeneinheit.

Unter der Voraussetzung, dass die implantierten Ionen homogen über die Waferfläche verteilt sind, kann aus der Strommessung die Dosis N^* der implantierten Ionen ermittelt werden. Es gilt die Beziehung:

$$N^* = \frac{tI}{qA}$$

t   Implantationszeit
I   Ionenstrom
q   Ladung der Ionen (q = ne)
n   Ionisationsgrad der Ionen
e   Elementarladung
A   Implantationsfläche

Abb. 5.102 Schematische Darstellung der Reichweite R, der projizierten mittleren Reichweite R_p und der projizierten Standardabweichungen ΔR_p und ΔR_L

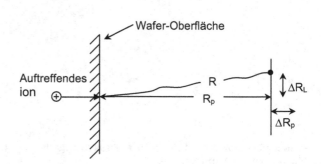

Die Implantationsdosis N^* ist die je cm^2 Scheibenoberfläche implantierte Anzahl der Ionen (Ionen/cm^2).

In den Abb. 5.103 und 5.104 sind Profile für verschiedene Implantationsenergien und Dotierstoffe dargestellt.

Es wird deutlich, dass die Eindringtiefe eines Ions mit zunehmender Energie zunimmt bzw. bei gleicher Energie mit zunehmender Atommasse abnimmt.

Channeling

Wenn das beschleunigte Ion parallel zu einer kristallographischen Achse auf den Einkristall auftrifft, kann es in Gitterbereiche mit geringer Stoßwahrscheinlichkeit, sogenannte Kanäle, eindringen (→ „Channeling"). Es wirken nur noch elektronische Bremskräfte, sodass die Ionen tiefer eindringen können (Abb. 5.105).

„Channeling" kann durch Kippen der Waferoberfläche gegen die Ionenstrahlrichtung um einen Winkel ψ, der größer als der kritische Winkel ψ_c ist (für Bor in Si etwa 3–4°), weitgehend ausgeschlossen werden. „Channeling" kann auch durch eine dünne Oxidschicht (Streuoxid) reduziert werden.

Ausheilen der Strahlenschäden und Aktivierung

Durch das Einschießen der Ionen tritt im Halbleiter eine Schädigung des einkristallinen Gitters auf. Das Ausmaß der Schädigung hängt von der Dosis und der Ionenmasse ab (Abb. 5.106). Die Energie der Ionen hat nur eine sekundäre Bedeutung, weil bei hohen

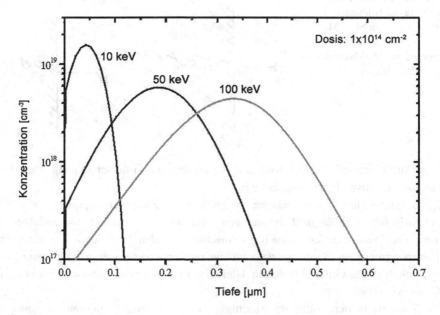

Abb. 5.103 Berechnete Implantationsprofile von Bor in Silizium für eine Dosis von 1×10^{14} cm^{-2} und verschiedene Implantationsenergien

Abb. 5.104 Berechnete
Implantationsprofile von
Arsen, Phosphor und Bor für
eine Implantationsenergie von
100 keV und eine Dosis von
1×10^{14} cm^{-2}

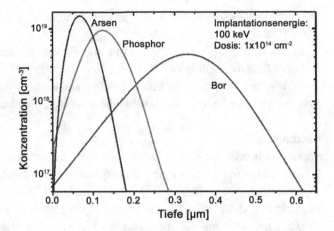

Abb. 5.105 Channeling:
Eindringen implantierter Ionen
in Kanäle des Einkristalls

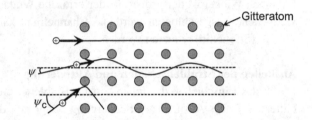

Abb. 5.106 Schematische
Darstellung der Bildung von
Strahlenschäden. **a** $M_1 < M_2$
(leichtes Ion); **b** $M_1 > M_2$
(schweres Ion). M_2 Masse der
Targetatome (Wafer)

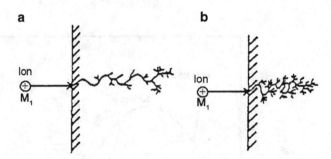

Energien die elektronische Bremswirkung dominiert, die Gitterschädigung aber durch die nukleare Bremswirkung ausgelöst wird.

Die implantierten Ionen nehmen hauptsächlich Zwischengitterplätze ein. Um zur elektrischen Leitfähigkeit beizutragen, müssen sie reguläre Gitterplätze einnehmen. Die Wafer werden deshalb im Anschluss an den Implantationsprozess einer Hochtemperaturtemperung ausgesetzt, um die implantierten Ionen zu aktivieren, d. h. substitutionell in das Gitter einzubauen. Gleichzeitig werden die Gitterschäden beseitigt, das Gitter wird restauriert.

Die Temperung der Wafer im Anschluss an die Ionenimplantation ist somit ein unumgänglicher Prozessschritt, der bei Silizium in der Regel in einem Diffusionsofen

bei Temperaturen zwischen 900 und 1000 °C durchgeführt wird. Übliche Temper-
zeiten bewegen sich zwischen 10 und 30 min. Die Temperung bewirkt aber auch eine
Diffusion der Dotieratome, d. h. die dotierten Zonen vergrößern sich. Muss dieser Effekt
ausgeschlossen werden, wird Rapid Thermal Annealing (RTA) eingesetzt. Bei dieser
Methode werden die Wafer mittels Halogenlampen innerhalb weniger Sekunden auf
etwa 1000 °C erhitzt und etwa 10–30 s getempert (Abb. 5.107). Nach dem Abschalten
der Lampen kühlen sich die Wafer wieder schnell ab, sodass eine Diffusion der Dotieratome weitgehend verhindert wird.

Implantationsmaske
Ein bedeutender Vorteil der Ionenimplantation ist die einfache Maskierung. So werden
aufgrund der niedrigen Prozesstemperatur (der Implantationsprozess wird meist bei
Raumtemperatur durchgeführt) in der Regel strukturierte Photolackschichten als
Implantationsmaske eingesetzt. Aber auch Siliziumoxid-, Siliziumnitrid-, Polysilizium-
und Metallschichten (z. B. Al) eignen sich als Maskierschichten.

Implantationsanlagen
Implantationsanlagen (Implanter) sind Hochvakuumsysteme, die aus einer Vielzahl von
Funktionseinheiten bestehen, wie Abb. 5.108 zeigt. Der Prozess wird bei Drücken unter
10^{-4} Pa durchgeführt. Der Ionenstrahl wird dabei mittels eines elektrostatischen Ablenk-
systems über die zu dotierende Waferfläche geführt.

Für die Dotierung von Silizium in der Mikroelektronik und Mikrosystemtechnik
werden meist Mittelstromanlagen mit Beschleunigungsspannungen bis zu einigen
hundert kV (Energiebereich: 10–200 keV) und einem maximalen Ionenstrom von etwa
0,5–1,7 mA eingesetzt. Die Waferkammer ist bei Produktionsanlagen mit einem auto-
matischen Scheibentransport ausgestattet, der einen Kassette-zu-Kassette-Betrieb ermöglicht.

In Tab. 5.14 findet sich ein zusammenfassender Vergleich von Diffusion und
Ionenimplantation.

Abb. 5.107 Prinzipieller
Aufbau einer Rapid-Thermal-
Annealing-Anlage

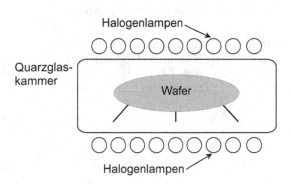

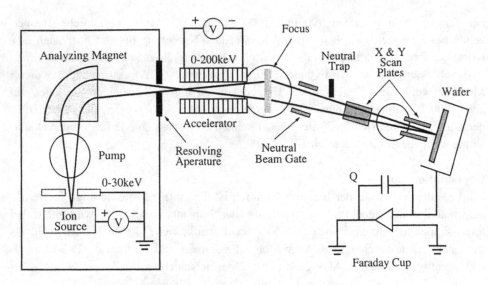

Abb. 5.108 Prinzipieller Aufbau einer Ionenimplantationsanlage

Tab. 5.14 Vergleich Diffusion und Ionenimplantation

	Ionenimplantation und Temperung	Diffusion
Vorteile	• Einfache Maskierung • Sehr gute Kontrollierbarkeit der Dotier- stoffkonzentration durch einfache Stromintegration • Genaue Tiefenkontrolle über die Energie der Ionen • Ausgezeichnete Homogenität der Dotierung über die Scheibe • Implantation einer Vielzahl von Elementen mit höchster Reinheit • Dosis ist nicht durch die Löslichkeit des Dotierstoffs begrenzt • (10^{11} cm^{-2}–10^{18} cm^{-2})	• Keine Gitterschäden • Batch processing
Nachteile	• Gitterschäden erhöhen Diffusion • „Channeling" verändert das Dotier- profil • Sequentieller Prozessablauf	• Dotierkonzentration durch Löslichkeit begrenzt • Niedrige Oberflächenkonzentration ohne lange Nachdiffusionszeiten (drive-in diffusion) schwer erreichbar • Größere Streuung der Dotier- konzentration über die Scheibe und von Scheibe zu Scheibe

Die Ionenimplantation ist seit über zwei Jahrzehnten das bevorzugte Dotierverfahren der Mikroelektronik, ohne das die rasante Entwicklung höchstintegrierter Schaltkreise unmöglich gewesen wäre. Es findet konsequenterweise auch breite Anwendung in der Mikrosystemtechnik.

5.6 Metallisierung

Die Metallisierung hat bei Halbleiterbauelementen mehrere Funktionen zu erfüllen ([1], [5–6]):

1. Den Kontakt zu den einzelnen Bauelementestrukturen herstellen.
2. Die Bauelemente auf dem Siliziumplättchen in der gewünschten Weise miteinander verbinden.
3. Die Verbindung mit dem Gehäuse ermöglichen.

Darauf basierend werden an ein Metallisierungssystem folgende Anforderungen gestellt:

- Hohe elektrische Leitfähigkeit ($\rho < 10\ \mu\Omega$cm),
- ohmscher Kontakt zu n- und p-dotierten Bereichen,
- gute Haftung auf Si und SiO_2,
- keine Beeinflussung der Bauelementeparameter,
- niedriger Kontaktwiderstand, geringe Elektromigration, kein „spiking",
- einfache Herstellung,
- gute Strukturierbarkeit,
- gute Bondbarkeit,
- ausreichende Langzeitstabilität der elektrischen Eigenschaften,
- Beständigkeit gegen nachfolgende Passivierungsschichten.

5.6.1 Metall-Halbleiter-Kontakt

Wird ein Halbleiter mit einem Metall in direkten Kontakt gebracht, so gleichen sich im thermischen Gleichgewicht die Fermi-Niveaus der beiden Materialien an (Abb. 5.109). Die Ladungsträger (Elektronen bzw. Löcher) wandern aus dem Halbleiter zum Metall und hinterlassen im Halbleiter ortsfeste Ladungen (positiv geladene Donatoren bzw. negativ geladene Akzeptoren), die eine Raumladungszone bilden und zu einer Bandverbiegung (Barriere) führen. Ein solcher Metall-Halbleiter-Kontakt wird als Schottky-Diode bezeichnet, d. h. seine Strom-Spannung-Kennlinie ist nicht linear und gleicht der einer pn-Diode (Abb. 5.110).

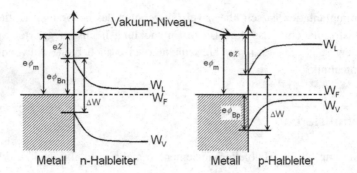

Abb. 5.109 Bänderstrukturen für Metall-Halbleiter-Kontakte (ohne Oberflächenzustände)

Abb. 5.110 IU-Kennlinien
für Schottky-Diode und
ohmschen Kontakt

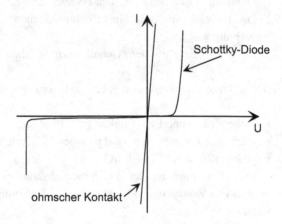

$e\phi_m$:   Austrittsarbeit des Metalls → Energie, die einem Elektron im Metall (auf der
          Energie des Fermi-Niveaus) zugeführt werden muss, um das Metall zu verlassen.

$e\chi$:   Elektronenaffinität → Energie ($e\chi$), die einem Leitungselektron im Halbleiter (bei
          W_L) zugeführt werden muss, um seinen Austritt zu ermöglichen.

ΔW: Bandabstand

Barrierenhöhe: $e\phi_{Bn} = e(\phi_m - \chi)$; $e\phi_{Bp} = \Delta W - e(\phi_m - \chi)$

Die Kontaktierung von Halbleiterbauelementen erfordert aber eine lineare, polungs-
unabhängige IU-Kennlinie mit möglichst niedrigem ohmschen Widerstand (→ ohmscher
Kontakt; Abb. 5.110).

Dem Stromtransport über einen Metall-Halbleiter-Kontakt können unterschiedliche
Mechanismen zugrunde liegen (Abb. 5.111).

Von den beiden in Abb. 5.111 dargestellten Metall-Halbleiter-Übergängen zeigt nur
die Abb. 5.111b ohmsches Verhalten, in der die Barriere so schmal ist, dass sie von den
Elektronen durchtunnelt werden kann. Eine sehr schmale Barriere bzw. dünne Raumladungszone kann durch eine hohe Dotierung im Kontaktbereich erreicht werden, wie
aus Gl. 5.30 für die Raumladungszonenweite x_d hervorgeht.

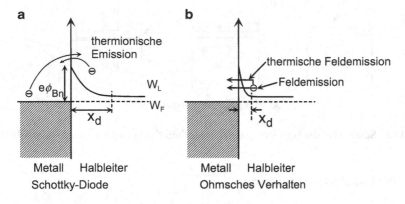

Abb. 5.111 Darstellung der unterschiedlichen Mechanismen für den Stromtransport über einen Metall-Halbleiter-Kontakt am Beispiel eines n-Halbleiters

$$x_d = \sqrt{\frac{2\varepsilon_s \phi_{Bn}}{qN_d}} \rightarrow x_d \sim \frac{1}{\sqrt{N_d}} \qquad (5.30)$$

mit

ε_s Permittivität des Halbleiters
N_d Dotierungsdichte
ϕ_{Bn} Barrierenhöhe

Ein wirksamer Stromtransport durch den Tunneleffekt erfordert in Si eine Raumladungszonenweite von kleiner 2,5 nm ($x_d = 2{,}5$ nm erfordert eine Dotierungskonzentration $N_d \approx 6 \times 10^{19}$ cm^{-3})

Der spezifische Kontaktwiderstand ist gegeben durch:

$$\rho_c = \rho_{c_0} \exp\left(\frac{2\phi_{Bn}\sqrt{m^* \varepsilon_s}}{\hbar \sqrt{N_d}}\right) [\Omega \; \text{cm}^2] \qquad (5.31)$$

ρ_{c_0} Konstante (abhängig von Metall und Halbleiter).
m*   Effektive Masse der tunnelnden Ladungsträger.

Aus Gl. 5.31 lässt sich ablesen, dass der spezifische Kontaktwiderstand exponentiell mit zunehmender Dotierung abnimmt ($\rho_c \sim \exp\left(\frac{1}{\sqrt{N_d}}\right)$).

Der Kontaktwiderstand R_c in Ω lässt sich aus dem spezifischen Kontaktwiderstand ρ_c durch Division durch die Kontaktfläche bestimmen.

Voraussetzung für einen ohmschen Metall-Halbleiter-Kontakt mit niedrigem Widerstand ist somit eine hohe Dotierung des Kontaktgebiets.

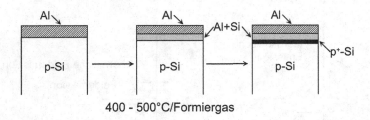

400 - 500°C/Formiergas

Abb. 5.112   Schritte bei der Formierung eines ohmschen Kontakts bei einem Al-p-Si-Übergang

5.6.2   Metallisierungssysteme

Aluminium-Metallisierung

Das einzige Metall, das einen guten Kompromiss bezüglich der oben aufgeführten Forderungen darstellt, ist Aluminium. Deshalb werden die meisten der heute gefertigten Siliziumbauelemente in der Mikrosystemtechnik nach wie vor mit Aluminium metallisiert. Es lassen sich damit sowohl ohmsche Kontakte zum Silizium als auch Leiterbahnen realisieren.[3]

Al wird üblicherweise durch Kathodenzerstäubung (Sputtern) mit einer Schichtdicke von etwa 1 μm aufgebracht. Die Strukturierung der Al-Schichten kann nasschemisch oder durch Trockenätzen vorgenommen werden, ohne dass das darunterliegende SiO_2 angegriffen wird. Zur Reduzierung des Kontaktwiderstands wird danach eine Temperung bei 400 bis 500 °C in Formiergas (H_2/N_2-Gemisch) durchgeführt. Hierbei löst das Aluminium die stets vorhandene natürliche Oxidschicht (1–3 nm dick) auf und es setzt eine metallurgische Reaktion ein, die durch die Löslichkeit von Si in Al und umgekehrt bedingt ist, obwohl die Temperung weit unterhalb der eutektischen Temperatur (577 °C) stattfindet. Bei dieser Reaktion bildet sich im Kontaktbereich eine dünne p^+-Zone, weil Al in Silizium als Dotierelement (Akzeptor) wirkt (Abb. 5.112). Folglich wirken Al-p-Si-Übergänge stets als ohmsche Kontakte.

Bei n-leitendem Si entsteht dagegen ein p^+n-Übergang, der als Diode wirkt. Für die Formierung eines ohmschen Kontakts wird deshalb das Kontaktgebiet in der Regel hoch n-dotiert, damit die sich an dem Al-n^+-Si-Übergang bildende Potenzialbarriere so schmal wird, dass sie von den Ladungsträgern durchtunnelt werden kann.

Die Tab. 5.15 vergleicht das Kontaktverhalten eines Al-Kontakts auf Silizium in Abhängigkeit vom Leitungstyp und der Dotierkonzentration.

---

[3] In der Mikroelektronik wird heute bei höchstintegrierten Schaltkreisen für die Leiterbahnen bei der Mehrlagenmetallisierung anstelle von Aluminium Kupfer verwendet.

Tab. 5.15 Spezifischer Kontaktwiderstand von Al auf p- und n-Si unterschiedlicher Dotierung

Leitungstyp	Dotierungsdichte [cm^{-3}]	Spezifischer Kontaktwiderstand [Ω cm2]
p	$1,5 \times 10^{20}$	$1,2 \times 10^{-6}$
p	1×10^{19}	$2,3 \times 10^{-5}$
p	6×10^{17}	$1,1 \times 10^{-4}$
p	$1,5 \times 10^{16}$	1×10^{-3}
n	1×10^{20}	$1,9 \times 10^{-6}$
n	5×10^{18}	nichtohmsch
n	7×10^{17}	nichtohmsch

Abb. 5.113 Al-Spitzen („spikes") durch die Auflösung von Si in Al beim Tempern

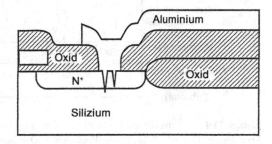

Aluminium weist eine Anzahl von Vorteilen auf:
Hohe elektrische Leitfähigkeit, einfache Abscheidung durch Sputtern, gute Haftung auf SiO$_2$ und Si, Formierung niederohmiger ohmscher Kontakte auf p- und n$^+$-Si, gute Bondbarkeit mit Al- und Au-Draht, und Al ist ein Low-cost-Material.

Bedeutende Nachteile sind:

- die Bildung von Al-Spitzen („spikes") und „hillocks" beim Tempern (Abb. 5.113 und 5.114),
- das Auftreten von Elektromigration bei hohen Stromdichten,
- die Bildung intermetallischer Phasen bei Temperaturbelastung ($\sim$150 °C) einer Al-Au-Drahtverbindung.

Die Formierung von Al-Spitzen resultiert aus der unterschiedlichen Löslichkeit von Al in Si bzw. umgekehrt. Die Auflösung von Si in Al führt zur Bildung von Al-Spitzen im Si, die zu Kurzschlüssen führen können. Um dieses Problem auszuschließen, wird für die Metallisierung mit Aluminium vorgesättigtes Al mit 1 % Si verwendet.

Der relativ große Unterschied der thermischen Ausdehnungskoeffizienten von Al und Si (Al: 23×10^{-6}K^{-1}, Si: $2,6 \times 10^{-6}$K^{-1}) führt bei der Temperung zu hohen Kompressionsspannungen im Al. Um die Spannungen abzubauen, werden Al-Teilchen (0,5–3 µm) aus der Schicht herausgequetscht, es bilden sich kleine Hügel („hillocks"), die sich durch Diffusion von Al längs der Korngrenzen vergrößern. Die Hillock-Bildung kann durch den Zusatz von Kupfer zum Al unterdrückt werden.

Die Abb. 5.115 zeigt deutlich die durch eine Temperung entstandenen „hillocks" auf einer Schicht aus reinem Al.

Elektromigration ist ein Problem, das während des Betriebs eines Bauelements auftritt. Bei Stromfluss durch eine Al-Leiterbahn (etwa 0,1–0,5 MA cm^{-2}) können die Elektronen durch Impulsübertragung eine Diffusion der Al-Atome auslösen. Als Folge davon können Kurzschlüsse und Unterbrechungen der Leiterbahnen auftreten (Abb. 5.116). Um das Auftreten von Elektromigration zu verhindern, werden dem Al Kupfer und Titan zugesetzt.

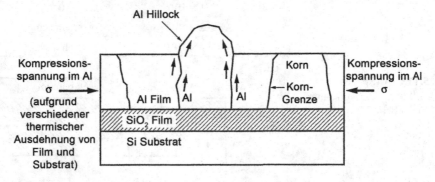

Abb. 5.114 Schematische Darstellung der Formierung von „hillocks" durch kompressive Spannungen in der Al-Schicht. Die Pfeile veranschaulichen die Al-Diffusion entlang der Korngrenzen

Abb. 5.115 Al-Schicht mit „hillocks" nach dem Tempern

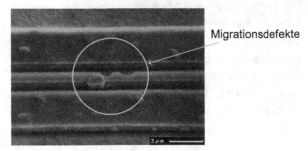

Abb. 5.116 Durch Elektromigration verursachte Defekte an Al-Leiterbahnen

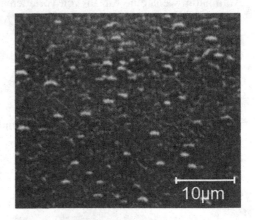

Silizide

Die beim Al-Si-System auftretende Interdiffusion von Al und Si kann durch eine Barriereschicht verhindert werden. Diese Schichten müssen bis 500 °C eine Interdiffusion verhindern, über einen im Vergleich mit Si ähnlichen thermischen Ausdehnungskoeffizienten verfügen ($2,6 \times 10^{-6} K^{-1}$), auf Si und Al gut haften und möglichst geringe innere Spannungen aufweisen. Schließlich müssen diese Schichten eine gute elektrische Leitfähigkeit und einen niedrigen Kontaktwiderstand zu Al und Si garantieren. Schichtsysteme, die diese Anforderungen erfüllen, verwenden als Barriereschichten zwischen Silizium und Aluminium Silizide. Die Abb. 5.117 zeigt ein Kontaktsystem, das aus einer $TiSi_2$ (Titansilizid), einer TiN (Titannitrid)-Zwischenschicht (verhindert eine Reaktion zwischen der Silizidschicht und der Al-Schicht) und einer Al-Deckschicht besteht. Für die $TiSi_2$-Barriere wird eine dünne Ti-Schicht durch Sputtern aufgebracht und anschließend in einem Temperprozess bei über 500 °C durch eine Reaktion mit dem darunterliegenden Si in Titansilizid umgewandelt. Die TiN-Schicht wird durch reaktives Sputtern unter Verwendung eines metallischen Ti-Targets in einer N_2-Atmospähre abgeschieden.

Ein Überblick über weitere Metallisierungssysteme mit verschiedenen Siliziden als Kontaktschichten zwischen Si und Al und ihrer Ausfalltemperaturen findet sich in Tab. 5.16.

SALICIDE-Prozess („self-aligned silicide process")
In der MOS-Technologie finden Silizide seit vielen Jahren Anwendung.

Polysilizium wird in der MOS-Technologie anstelle von Al („metal-gate process") als Gate-Elektrode („poly-gate process") eingesetzt. Im selbstjustierenden („self-aligned") Prozess dient es als Maske für die Source- und Drain-Implantation.

Für die nachfolgenden Hochtemperaturschritte und um den Widerstand der Polysiliziumschicht und der Source- und Drainkontakte zu reduzieren, wird auf dem Gate eine Polyzidstruktur erzeugt. Dies geschieht unter Verwendung eines Refraktärmetalls (z. B. Ti, W, Mo), das als Metall oder bereits als Silizid durch CVD, PECVD oder Sputtern abgeschieden wird. Die Abb. 5.118 veranschaulicht diese Schritte anhand des SALICIDE-Prozesses.

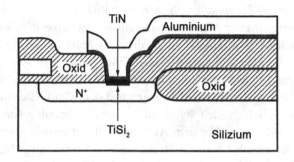

Abb. 5.117 Metallisierungssystem mit $TiSi_2$-TiN-Kontakt-Barriereschichten zwischen Al und Si

Tab. 5.16 In Verbindung mit Al verwendete Kontakt-Barriere-Systeme

Schichtsystem	Ausfalltemperatur [°C]
Al/PtSi/Si	350–400
Al/TiSi$_2$/Si	400
Al/NiSi/Si	400
Al/Ti/PtSi/Si	450
Al/TiW/PtSi/Si	500
Al/TiN/TiSi$_2$/Si	550

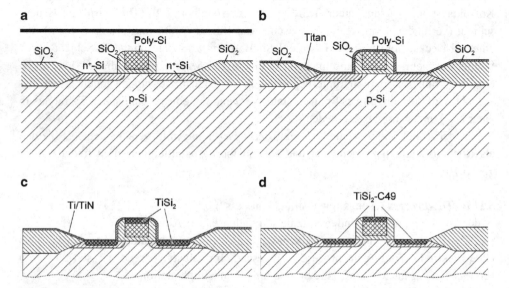

Abb. 5.118 Der SALICIDE-Prozess schematisch am Querschnitt eines MOS-FET (Feld Effekt Transistor) dargestellt. **a** FET vor der Behandlung; **b** nach dem Aufbringen des Titans; **c** nach der ersten Temperung; **d** nach dem nasschemischen Ätzen

Mehrschichtmetallisierungssysteme

Die kontinuierlich ansteigende Integrationsdichte mikroelektronischer Schaltkreise erfordert auch eine zunehmende Anzahl von Metallisierungsebenen. In Abb. 5.119 ist schematisch die Struktur einer Mehrschichtmetallisierung dargestellt, wie sie für die IC-Technologie typisch ist. Wolfram (W-plugs) dient als Material für die Kontakte zu den Leiterbahnen und die Durchführungen (vias). TiSi$_2$ (Titansilizid) wird eingesetzt, um einen niederohmigen Kontakt zum Silizium herzustellen. TiN (Titaniumnitrid) erhöht die Haftfestigkeit zwischen den W-Durchführungen und dem Oxid. Gleichzeitig schützt die TiN-Schicht die darunterliegenden Schichten bei der Abscheidung von Wolfram mittels WF$_6$ in einem CVD-Prozess. Vor dem Aufbringen der nächsten Metallisierungsebene werden die Scheiben mittels Chemical Mechanical Planarization (CMP) eingeebnet, um die für den photolithographischen Prozess notwendige Ebenheit herzustellen.

Abb. 5.119 Typische
Mehrschichtmetallisierung aus
der IC-Technologie

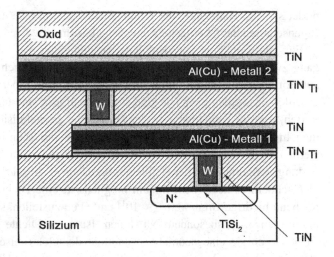

Al-Leiterbahnen wurden in der IC-Technik in den letzten Jahren zunehmend durch Kupferleiterbahnen ersetzt (Cu hat eine höhere elektrische Leitfähigkeit und eine verringerte Neigung zur Elektromigration).

5.7 Passivierung

Hauptzweck einer Passivierung ist die elektrische und chemische Stabilisierung des fertigen Bauelements. Dies setzt voraus, dass sowohl die Halbleiteroberfläche als auch die darüberliegenden Schichten, einschließlich der Metallisierung, in geeigneter Weise geschützt (passiviert) werden (Abb. 5.120).

Man unterscheidet zwischen einer primären und einer sekundären Passivierung.

Die primäre Passivierung hat die Aufgabe, die elektronischen Eigenschaften der Halbleiteroberfläche zu stabilisieren. Die Oberfläche eines Halbleiters stellt eine drastische Störung des periodischen Gitters dar, die die elektronischen Eigenschaften des Halbleiters in dieser Zone wesentlich verändert. Es existieren Oberflächenzustände (diskrete Energieniveaus in der verbotenen Zone unmittelbar an der Halbleiteroberfläche), die durch die Anlagerung von geladenen Teilchen eine Oberflächenladung bedingen. Es

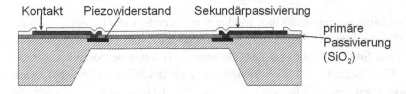

Abb. 5.120 Passivierung eines Si-Drucksensors

bildet sich im Halbleiter eine Raumladungszone, deren Ausdehnung und Charakter die Eigenschaften der Oberfläche weitgehend bestimmen.

Für die Funktion von Halbleiterbauelementen ist folglich nicht nur der Übergang zwischen p- und n-leitenden Gebieten, sondern auch die Oberfläche des Kristalls außerordentlich wichtig. Weil das Auftreten von Oberflächenzuständen nicht ausgeschlossen werden kann (sie sind strukturbedingt), sind technologische Maßnahmen zu treffen, um die Verhältnisse an der Oberfläche zu stabilisieren. Bei Silizium verwendet man hierfür eine thermische Oxidschicht, die mit sehr hoher Qualität aufgewachsen werden kann. Feste Oxidladungen und mobile Ionen im Oxid beeinflussen jedoch die Ladungsverhältnisse an der Halbleiteroberfläche (s. Abschn. 5.1.1.7).

Nachdem es heute bei Silizium möglich ist, eine Dichte der Oxidladungen auf ausreichend niedrige Grenzwerte ($\approx 10^{11}$ cm^{-2}) einzustellen, stören vor allem ionische Verunreinigungen, insbesondere Na$^+$-Ionen. Ist deren Dichte größer als einige 10^{10} cm^{-2}, so bewirken sie eine deutliche Instabilität der elektronischen Eigenschaften der Bauelemente. Ein äußerst wirkungsvolles Verfahren zur Elimination von beweglichen Natriumionen ist die Oxidation in trockenem Sauerstoff unter Zusatz von HCl oder anderen chlorhaltigen Verbindungen. Der Wirkungsgrad einer Primärpassivierung in einem HCl-haltigen Trockenoxidationsprozess beträgt 98–99 %.

Um das Eindringen von Ionen in die Primärpassivierung von außen und die Adsorption von geladenen Teilchen, die an der Grenzfläche Si/SiO$_2$ zu Influenzladungen führen, zu vermeiden, ist das Aufbringen einer weiteren Passivierungsschicht, einer sogenannten Sekundärpassivierung, notwendig.

Die wichtigsten Anforderungen an eine solche Schicht sind:

- Mechanischer und chemischer Schutz der Metallisierung und der darunterliegenden Schichten,
- Wirkung als Diffusionsbarriere bzw. Getterschicht gegenüber Verunreinigungen und Ionen,
- ausreichend niedrige Abscheidetemperatur für die Passivierung metallisierter Scheiben.

Bei Sensoren können zudem z. B. die weiteren Forderungen bestehen:

- Schutz gegen das zu messende Medium,
- keine Rückwirkung auf die messtechnischen Eigenschaften des Sensors.

Als Sekundärpassivierungsschichten werden heute in erster Linie Phosphorsilikatglas(PSG)- und Si$_3$N$_4$-Schichten mit einer Dicke zwischen etwa 0,2 und 1 µm eingesetzt. PSG ist ein Gemisch aus SiO$_2$ und P$_2$O$_5$, das eine Getterung von Ionen, insbesondere von Na$^+$-Ionen, bewirkt. Ein Nachteil der PSG-Schichten ist, dass bei hoher Luftfeuchte aufgrund ihrer hygroskopischen Eigenschaften eine Korrosion der Al-Metallisierung eintreten kann. PSG-Schichten werden überwiegend durch LPCVD (s. Abschn. 5.1.2.1) bei Temperaturen um

450 °C und Drücken von 20 Pa hergestellt. Als Reaktionsgase werden Silan (SiH_4), O_2 und Phosphin (PH_3) eingesetzt.

Siliziumnitrid ist keine Gettersubstanz, weist aber sehr gute Barriereeigenschaften gegenüber Alkaliionen auf. Es wird in der Regel durch PECVD (s. Abschn. 5.1.2.2) bei Temperaturen um 300 °C aufgebracht, wobei als Reaktionsgase Silan (SiH_4) und Ammoniak (NH_3) dienen. PECVD erlaubt aufgrund der niedrigen Prozesstemperatur eine Abscheidung der Siliziumnitridschicht auf metallisierte Wafer.

5.8 Waferreinigung

Hochreine Waferoberflächen sind bei allen Prozessschritten für eine hohe Ausbeute eine unabdingbare Voraussetzung, insbesondere vor Prozessen, die bei hohen Temperaturen durchgeführt werden. Bis zu etwa 20 % aller Prozessschritte betreffen Waferreinigungsprozesse [22–27].

Waferoberflächen können vier verschiedene Typen von Verunreinigungen aufweisen, die jede für sich ein eigenes Problem darstellt und durch einen speziellen Prozess entfernt werden muss [27].

Diese vier Typen sind:

I) Partikel (> 10 μm bis < 1 μm)
II) Organische Verunreinigungen (z. B. Rückstände auf der Waferoberfläche nach dem Photoresist-Stripping)
III) Metallische Verunreinigungen (z. B. entstanden während der Ionenimplantation oder einem Trockenätzschritt)
IV) Unerwünschte Oxidschichten (natürliche und chemische Oxidschichten)

Nasschemisches Reinigen ist die dominierende Reinigungstechnologie in der Mikroelektronik und Mikrosystemtechnik. Übliche Reinigungsprozesse verwenden Mischungen aus Ätzen, Lösungsmittel und DI-Wasser, um Verunreinigungen von der Waferoberfläche zu entfernen. Für viele Anwendungen genügt **ein** Prozess, der aus einem nasschemischen Reinigungsschritt, einer anschließenden Spülung mit DI-Wasser und einer Trocknung der Wafer besteht (Abb. 5.121).

Abb. 5.121 Wesentliche Schritte eines Waferreinigungsprozesses

Entfernung von Partikeln

Größere Partikel können am effektivsten durch einen Stickstoffstrahl aus einer N_2-Pistole entfernt werden. Kleine Partikel sind schwieriger zu entfernen, weil sie durch elektrostatische Kräfte festgehalten werden. Es finden deshalb mechanische Verfahren wie Wafer-Scrubbing (Abb. 5.122) und Ultraschallreinigung (Abb. 5.123) Anwendung.

In Abb. 5.122 wird der Wafer durch einen rotierenden Vakuum-Chuk festgehalten. Die Bürste rotiert über dem Wafer (ohne Kontakt mit der Waferoberfläche) und drängt das DI-Wasser in den schmalen Spalt zwischen Waferoberfläche und Bürste, wodurch das Wasser eine hohe kinetische Energie erreicht. Die Kombination aus rotierender Bürste und rotierendem Wafer führt zu einem äußerst effektiven Reinigungsprozess, ohne die Waferoberfläche zu beschädigen.

Bei der Ultraschallreinigung werden in dem Reinigungsbad (z. B. DI-Wasser) hochenergetische Schallwellen (Longitudinalwellen) erzeugt. Die dadurch in der Flüssigkeit auftretenden Zug- und Druckspannungen führen an Grenzflächen (z. B. Wafer/Flüssigkeit) zur Generation einer Vielzahl kleiner Dampfbläschen, die in der Druckphase implodieren und lokal hohe Drücke und Temperaturen erzeugen. Dadurch werden die Partikel von der Waferoberfläche abgelöst und von der Flüssigkeit aufgenommen.

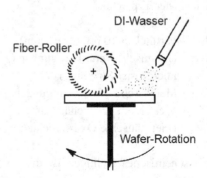

Abb. 5.122 Mechanischer
Wafer-Scrubber

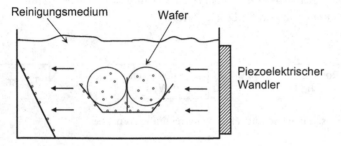

Abb. 5.123 Ultraschallreinigung

Standard-Ultraschall-Reinigungsbäder arbeiten mit Frequenzen von etwa 20–50 kHz, Megasonic-Bäder bei $\approx$ 1 MHz.

Entfernung organischer Verunreinigungen

Wird dieser Prozess nasschemisch vorgenommen, so wird eine Mischung aus $H_2SO_4:H_2O_2$ (Piranha-, CARO-clean) eingesetzt. H_2O_2 ist ein starkes Oxidationsmittel, das organische Verunreinigungen bei 100–130 °C in CO_2 und H_2O zersetzt.

Entfernung von organischen und bestimmten metallischen Verunreinigungen

Als Standardverfahren hat sich für diesen Fall die RCA-Reinigung durchgesetzt, die aus zwei Reinigungsschritten SC1 (standard clean1 bzw. RCA1) und SC2 (standard clean bzw. RCA2) besteht.

Der erste Schritt SC1 verwendet eine Mischung aus $5H_2O:1H_2O_2:1NH_4OH$ (70–80 °C) mit einem hohen pH-Wert. Die Mischung oxidiert organische Verunreinigungen und bildet lösliche Komplexe mit IB-, IIB- und anderen Metallen (z. B. Au, Ag, Cu, Ni, Zn, Cd, Co, Cr). NH_4OH ätzt Si, sodass sich Mikrorauhigkeiten auf der Waferoberfläche bilden können.

Für den zweiten Schritt SC2 wird eine Mischung mit niedrigem pH-Wert, bestehend aus $1HCl:1H_2O_2:6H_2O$ (70–80 °C), eingesetzt. Damit lassen sich Alkaliionen (z. B. Na^+, K^+) und Kationen wie Al^{2+}, Fe^{3+} und Mg^{2+} entfernen.

Entfernung von natürlichen/chemischen Oxidschichten

Viele Prozesse erfordern die Entfernung dieser dünnen Oxidschichten, die sich an der Luft oder durch nasschemische Reinigungsschritte auf der Waferoberfläche bilden. Si-Oberflächen mit Oxid verhalten sich *hydrophil* (wasseranziehend), solche ohne Oxid *hydrophob* (wasserabweisend). Um natürliche/chemische Oxidschichten von der Waferoberfläche zu entfernen, wird verdünnte Flusssäure ($1HF:50H_2O$ oder noch stärker verdünnt) eingesetzt (die Si-Oberfläche wird dabei nicht angegriffen).

Spülen

Jeder Reinigungsschritt endet mit dem Spülen der Wafer in DI-Wasser. Das Spülen erfolgt so lange, bis das abfließende DI-Wasser einen bestimmten elektrischen Leitwert (z. B. 10^{17} Ωcm) erreicht hat ($\to$ Leitwertspülen). Nach dem Spülen müssen die Wafer getrocknet werden. Hierfür werden häufig sogenannte „spin-rinse dryer" (SRD) eingesetzt (Abb. 5.124). Der Prozess startet mit dem Spülen der langsam rotierenden und durch einen „carrier" gehaltenen Wafer; es folgt dann bei hoher Umdrehungszahl der Trocknungsprozess mit heißem Stickstoff.

Abb. 5.124 „Spin-rinse dryer" (SRD; schematischer Querschnitt)

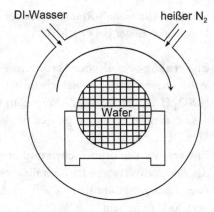

Herstellung dreidimensionaler Strukturen in Silizium

6

Während sich bei der Herstellung von integrierten Schaltkreisen die ätztechnischen Prozesse nahezu ausschließlich auf planare Strukturen mit Ätztiefen von maximal einigen Mikrometern beschränken, erfordert die Mikrosystemtechnik vielfach eine dreidimensionale Strukturierung mit Ätztiefen, die sich nicht selten über die gesamte Scheibendicke ausdehnen. Zur Anwendung kommen in diesem Zusammenhang nasschemische Ätzverfahren und Trockenätzverfahren ([6–7, 14, 16, 20–21]).

6.1 Dreidimensionale nasschemische Strukturierung von Silizium

Eingesetzt werden hierfür diverse Verfahren, die entsprechend ihrem grundsätzlichen Verhalten und der Notwendigkeit einer äußeren elektrischen Spannung in folgende Prozesse unterschieden werden können:

- Isotropes Ätzen
- Anisotropes Ätzen
- Elektrochemisches Ätzen

6.1.1 Isotropes nasschemisches Ätzen

Die Ätzgeschwindigkeit (Ätzrate) isotroper Ätzmischungen ist in allen Richtungen gleich, somit also unabhängig von der kristallographischen Orientierung (Abb. 6.1). Entsprechend dieser Eigenschaft lassen sich durch isotropes Ätzen Strukturen mit beliebiger Kontur, unabhängig von der Orientierung des Substratmaterials, herstellen. Beispiele hierfür sind kreis- und kreisringförmige Membranstrukturen.

© Der/die Autor(en), exklusiv lizenziert an Springer Fachmedien Wiesbaden GmbH, ein Teil von Springer Nature 2022
H. D. Ngo, *Technologien der Mikrosysteme,* https://doi.org/10.1007/978-3-658-37498-3_6

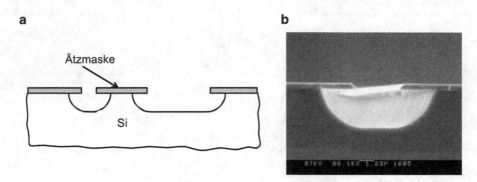

Abb. 6.1 Querschnitt durch isotropes Ätzen erzeugter Si-Strukturen. **a** Schematisch; **b** geätzte Struktur mit überhängenden Maskenkanten

Für das isotrope Ätzen sind zwei aufeinanderfolgende Prozesse wesentlich: die Oxidation der Siliziumoberfläche und die darauffolgende Entfernung der im ersten Schritt erzeugten Oxidschicht.

Beim isotropen Ätzen von Silizium in Säuregemischen werden durch die oxidierende Komponente Löcher (h^+) in das Valenzband des Siliziums injiziert. Als oxidierende Komponente wird bei Silizium in der Regel Salpetersäure (HNO_3) verwendet. Die Löcher werden durch die Reaktion zwischen HNO_3, Wasser und dem in geringen Konzentrationen vorhandenen HNO_2 erzeugt (Gl. 6.1):

$$HNO_3 + H_2O + HNO_2 \quad \rightarrow \quad 2HNO_2 + 2OH^- + 2h^+ \qquad (6.1)$$

Das bei dieser Reaktion entstehende HNO_2 reagiert in einer weiteren Reaktion mit HNO_3, sodass weitere Löcher entstehen. Diese Reaktion ist abgeschlossen bevor die Oxidationsreaktion einsetzt, die HNO_2-Konzentration also ihren Gleichgewichtszustand erreicht hat.

Im Anschluss an die Löcherinjektion reagieren die OH^--Ionen in der Lösung mit dem oberflächennahen, vierfach positiv geladenen Si^{4+} zu SiO_2:

$$Si^{4+} + 2\,OH^- \quad \rightarrow \quad SiO_2 + H_2 \qquad (6.2)$$

Zur Entfernung der Oxidschicht werden den Ätzlösungen sogenannte Komplexbildner zugesetzt. Üblicherweise wird hierfür Flusssäure (HF) verwendet, die das SiO_2 durch die Bildung von wasserlöslichem H_2SiF_6 auflöst. Für die Gesamtreaktion folgt damit:

$$Si + HNO_3 + 6HF \quad \rightarrow \quad \underbrace{H_2SiF_6}_{\substack{\text{in der Ätze} \\ \text{löslicher Komplex}}} + HNO_2 + H_2O + \underbrace{H_2}_{\substack{\text{flüchtiger} \\ \text{Wasserstoff}}}$$

Die in der Praxis am häufigsten verwendeten isotrop wirkenden Ätzen basieren auf einem Gemisch aus HNO_3, HF und einem Verdünnungsmittel (H_2O oder Essigsäure).

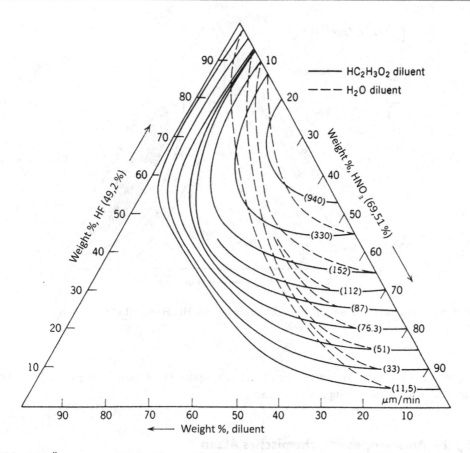

Abb. 6.2 Ätzrate von einkristallinem Silizium in einer Mischung aus HF, HNO$_3$, Verdünnungsmittel Wasser bzw. Essigsäure

Die Abb. 6.2 zeigt verschiedene Kurven konstanter Ätzrate für dieses Gemisch in einem Dreistoffdiagramm.

Neben der Ätzrate stellt in vielen Fällen auch die Beschaffenheit der geätzten Oberfläche ein wesentliches Kriterium dar. Es wurde gezeigt, dass sich abhängig von der Zusammensetzung der Ätzmischung eine sehr unterschiedliche Oberflächenbeschaffenheit einstellt. So lassen sich beispielsweise mit dem System HNO$_3$-HF-H$_2$O nur mit einem HNO$_3$-Anteil von mehr als 40 % und einem Wasseranteil von weniger als 10 % glatte Oberflächen erzeugen, wie Abb. 6.3 entnommen werden kann.

Als Maskierschichten eignen sich für die aufgeführten Ätzmischungen Siliziumnitrid- und Metallschichten (z. B. Gold mit Titan als Haftschicht). Siliziumdioxid ist aufgrund der oxidlösenden HF-Komponente nur bedingt bzw. nur für geringe Ätztiefen einsetzbar.

Durch die richtungsunabhängige Ätzgeschwindigkeit führt isotropes Ätzen zu einer Unterätzung der Ätzmaske, die näherungsweise der Ätztiefe entspricht (Abb. 6.1). Durch

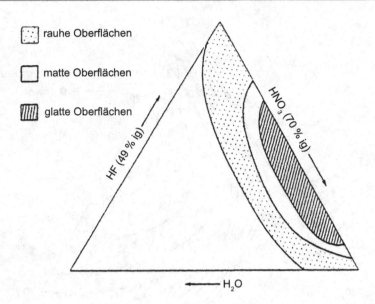

Abb. 6.3 Beschaffenheit einer in einer Ätzmischung aus HF, HNO$_3$, H$_2$O geätzten Siliziumoberfläche

einen Vorhalt auf der Maske für die photolithographische Strukturierung der Ätzmaske kann die Unterätzung kompensiert werden.

6.1.2   Anisotropes nasschemisches Ätzen

Bei anisotrop bzw. richtungsabhängig ätzenden Verfahren variiert die Ätzrate mit der kristallographischen Orientierung. Dies ist die Basis für eine Vielzahl von Anwendungen in der Silizium-Mikromechanik. Anisotrop wirkende Ätzgemische für Silizium sind ausnahmslos basischer Natur. Hierzu zählen die Hydroxide Kaliumhydroxid KOH, Natriumhydroxid NaOH, Lithiumhydroxid LiOH, Cäsiumhydroxid CsOH, Ammoniumhydroxid NH$_4$OH und Tetramethylammoniumhydroxid (TMAH) sowie die organischen Lösungen Ethylendiamin (abgekürzt EDP für Ethylendiaminpyrocatechol) und Hydrazin. Aus technologischen und anderen Gründen (Handhabung, Gesundheitsgefährdung, Entsorgung) wird heute nahezu ausschließlich mit KOH/H$_2$O- und TMAH-H$_2$O-Gemischen gearbeitet, sodass sich die folgenden Ausführungen in der Hauptsache auf diese Ätzlösungen konzentrieren.

Das anisotrope Strukturieren von Silizium durch nasschemisches Ätzen ist weit verbreitet und nimmt eine Schlüsselrolle in der Silizium-Mikromechanik ein.

An eine Ätzlösung für die Herstellung dreidimensionaler Si-Strukturen durch anisotropes Ätzen werden folgende Anforderungen gestellt:

- ausgeprägtes anisotropes Ätzverhalten,
- hohe Ätzrate,
- geringe Rauigkeit der geätzten Flächen,
- geringe Ätzrate der Ätzmaske,
- IC-Prozesskompatibilität,
- geringe Toxizität,
- einfache Handhabung,
- niedriges Gefahrenpotenzial,
- nicht gesundheitsgefährdend,
- einfache Entsorgung.

6.1.2.1 Ätzeigenschaften von KOH-H$_2$O-Ätzlösungen

Reaktionsmechanismus

Für das Ätzverhalten von alkalischen Lösungen ist die Rolle der OH$^-$-Ionen und der Wassermoleküle von zentraler Bedeutung. Die Atome der Siliziumoberfläche reagieren dabei in einem ersten Schritt mit OH$^-$Ionen entsprechend

$$Si + 2\,OH^- \quad \rightarrow \quad Si(OH)_2^{++} + 4\,e^-,$$

bei dem vier Elektronen in das Leitungsband des Siliziumkristalls injiziert werden. Nach diesem Oxidationsschritt reagieren diese Elektronen mit Wassermolekülen auf der Siliziumoberfläche unter Freisetzung von Wasserstoff zu:

$$4\,H_2O + 4\,e^- \quad \rightarrow \quad 4\,OH^- + 2\,H_2$$

Der anfänglich gebildete positive Siliziumkomplex reagiert weiter mit OH$^-$Ionen zu:

$$Si(OH)_2^{++} + 4\,OH^- \quad \rightarrow \quad SiO_2(OH)_2^{--} + 2\,H_2O$$

Dabei entstehen lösliche negativ geladene Siliziumkomplexe, die von der Siliziumoberfläche in das Lösungsinnere diffundieren.

Die Gesamtreaktion lässt sich somit in folgender Weise darstellen:

$$Si + 2\,OH^- + 2\,H_2O \quad \rightarrow \quad \underbrace{SiO_2(OH)_2^{--}}_{\substack{\text{in der Ätze} \\ \text{löslicher Komplex}}} + \underbrace{2\,H_2}_{\substack{\text{flüchtiger} \\ \text{Wasserstoff}}}$$

Ätzrate in einer KOH-Ätzlösung als Funktion der Temperatur und der KOH-Konzentration

Übliche Arbeitstemperaturen anisotroper Ätzmischungen auf der Basis von KOH liegen zwischen 70 °C und 90 °C. Niedrigere Temperaturen führen zu einem drastischen Abfall der Ätzrate, die außerdem stark von der KOH-Konzentration abhängt.

Die Abb. 6.4 zeigt die vertikalen Ätzraten für Temperaturen zwischen 70 °C und 100 °C als Funktion der KOH-Konzentration für eine (100)-Siliziumscheibe. Die Kurven

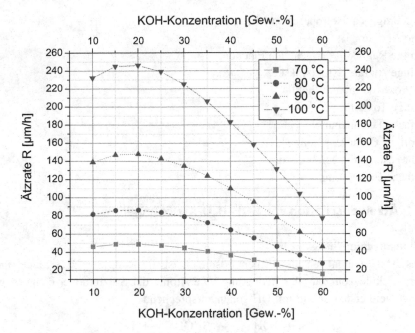

Abb. 6.4 Ätzrate für (100)-Silizium als Funktion der KOH-Konzentration für Ätztemperaturen zwischen 70 und 100 °C

zeigen zunächst bis zu einer KOH-Konzentration von etwa 20 % einen leichten Anstieg, um dann im weiteren Verlauf mit der vierten Potenz der Wasserkonzentration abzufallen.

Für KOH/H_2O-Ätzlösungen mit Konzentrationen zwischen 10 und 60 Gew.-% KOH lässt sich die Ätzrate r für (100)-Si-Wafer durch die empirisch gefundene Beziehung

$$r = k_0 [H_2O]^4 \cdot [KOH]^{1/4} \exp\left(-\frac{E_a}{kT}\right) \left[\frac{\mu m}{h}\right] \qquad (6.3)$$

berechnen.

Für (100)-Wafer ist $E_a = 0{,}595$ eV und $k_0 = 2480$ μm h^{-1} (mol)$^{5/4}$.

Die mit Gl. 6.3 ermittelten Ätzraten stimmen gut mit den experimentellen Daten überein.

Um Änderungen der Ätztemperatur und der Zusammensetzung der KOH-H_2O-Lösung weitgehend auszuschließen, werden im Labor doppelwandige, öltemperierte Ätzgefäße mit Thermostatisierung verwendet (Abb. 6.5).

Richtungsabhängigkeit (Anisotropie) der Ätzrate

KOH-H_2O-Ätzlösungen zeigen für die (110)- und (100)-Ebenen um etwa zwei Größenordnungen höhere Ätzraten im Vergleich zu den (111)-Kristallebenen. Für eine KOH-H_2O-Lösung mit 30 Gew.-% KOH ergibt sich beispielsweise bei 80 °C Prozess-

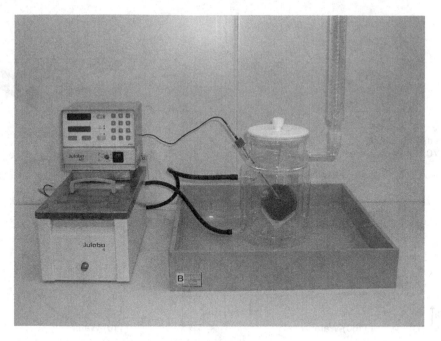

Abb. 6.5   Doppelwandiges öltemperiertes Ätzgefäß

temperatur ein Verhältnis der Ätzraten für die drei Hauptebenen (110):(100):(111) von ungefähr 200:100:1.

Ausschlaggebend hierfür ist die unterschiedliche Anzahl von freien Bindungen der verschiedenen Kristalloberflächen. (111)-Kristalloberflächen besitzen nur eine freie Bindung („dangling bonds") pro Atom, (100)- sowie (110)-Oberflächen jeweils zwei. Das hat zur Folge, dass bei einer (111)-Oberfläche mehr Energie nötig ist, um ein Siliziumatom loszulösen, als bei einer (100)- oder (110)-Oberfläche. Eine entscheidende Rolle spielt hier zudem die Rückbindung der Atome an der Oberfläche zu den nächsten Atomen im Kristallgitter.

Damit lassen sich in (100)- und (110)-Silizium Strukturen erzeugen, deren laterale Begrenzungen aus (111)-Ebenen bestehen, die einen definierten Winkel mit der Scheibenebene bilden. Bei (100)-Silizium beträgt dieser Winkel 54,74° (Abb. 6.6), während sich in (110)-Silizium auch senkrechte Strukturen erzeugen lassen.

Die Abb. 6.7 und 6.8 zeigen REM-Aufnahmen der Querschnitte einer in (100)-Si gefertigten Drucksensormembran und von Kanalstrukturen eines Tintendruckchips in (110)-Si. Als Ätzlösung kam in beiden Fällen eine 33 Gew.-% KOH-H_2O-Mischung zum Einsatz (Ätztemperatur 80 °C).

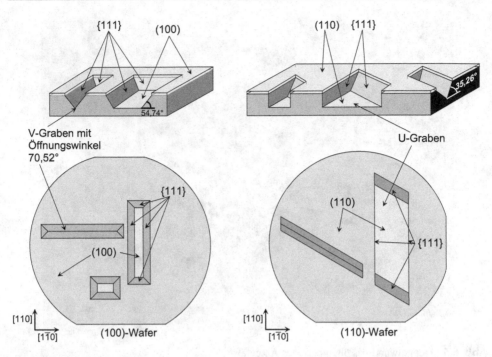

Abb. 6.6 Durch anisotropes Ätzen in (100)- und (110)-Wafern erzeugbare Strukturen

Abb. 6.7 Mittels KOH-
H₂O-Ätzlösung in (100)-Si
gefertigte Membranstruktur
(Querschnitt) eines
piezoresistiven Drucksensors
Membrandicke: 20 μm

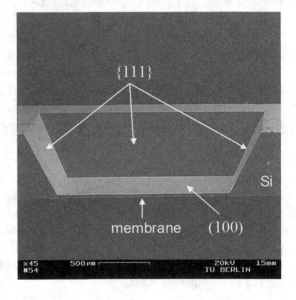

Abb. 6.8 In (110)-Si durch anisotropes Ätzen in KOH/ H$_2$O erzeugte Kanalstrukturen (Querschnitt) für einen Tintendruckkopf. Auf der Oberseite befindet sich die vor dem Ätzprozess aufgebrachte Düsenplatte aus Ni/Au, auf der Rückseite eine nach dem Ätzen auflaminierte Kaptonfolie

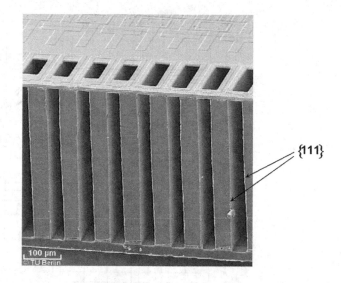

Abhängigkeit der Ätzrate von der Dotierungsdichte

Bei KOH-H$_2$O-Ätzlösungen lässt sich sowohl in (100)- als auch in (110)-Silizium für Bordotierungen über etwa 3×10^{19} cm^{-3} ein steiler Abfall der Ätzrate beobachten. Die Abb. 6.9 veranschaulicht dieses Phänomen für (100)-Silizium für unterschiedliche KOH-Konzentrationen bei einer Ätztemperatur von 60 °C. Der Abfall der Ätzrate für hohe Borkonzentrationen ist näherungsweise umgekehrt proportional zur vierten Potenz der Bordotierung.

Die Bereiche konstanter und abfallender Ätzraten r sind durch folgende Zusammenhänge beschreibbar:

$$r = r_i \qquad \text{für} \qquad c_B < c_o,$$

$$r \sim \frac{1}{c_B^4} \qquad \text{für} \qquad c_B > c_o$$

c_0 kritische Borkonzentration ($\approx 3 \times 10^{19}$ cm^{-3})

c_B Borkonzentration des geätzten Si

r_i Ätzrate für Bordotierungen $< c_0$

Ursache für den Abfall der Ätzrate bei hohen Borkonzentrationen ist die oberhalb von etwa 3×10^{19} Boratomen/cm^3 einsetzende Entartung, bei der das Fermi-Niveau in das Valenzband verschoben wird. Der Halbleiter verliert damit seine typischen halbleitenden Eigenschaften und zeigt ein quasimetallisches Verhalten. Diese Situation führt dazu, dass die durch die Oxidation der Siliziumoberfläche in den Halbleiter injizierten Elektronen sofort mit den in sehr großer Anzahl vorhandenen Löchern rekombinieren und damit nicht mehr in ausreichender Anzahl für den zweiten Reaktionsschritt, die Reduktion

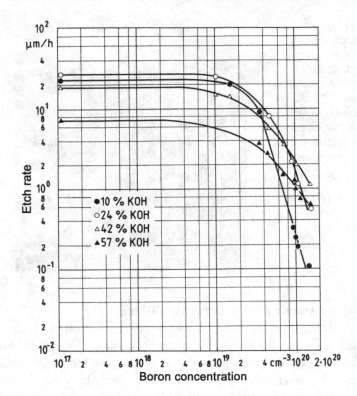

Abb. 6.9 Ätzrate als Funktion der Bordotierung für KOH-Lösungen mit unterschiedlichen Konzentrationen. Ätztemperatur: 60 °C

des Wassers, zur Verfügung stehen. Die Ätzrate fällt dadurch in diesem Bereich mit größer werdender Borkonzentration steil ab. Der drastische Abfall der Ätzrate bei hohen Borkonzentrationen kann zur Erzielung eines Ätzstopps verwendet werden, indem eine hochbordotierte Epitaxieschicht auf den Wafer aufgewachsen wird.

Hochbordotierte Ätzstoppschichten werden aber nur in Ausnahmefällen eingesetzt, da sie infolge des im Vergleich zu Silizium kleineren Atomradius von Bor (Si: 0,117 nm; Bor: 0,088 nm) unter hohen Zugspannungen stehen und gegenüber niedrigdotiertem Silizium einen deutlich niedrigeren Elastizitätsmodul aufweisen. Durch eine In-situ-Dotierung der hochbordotierten Epischicht mit Germanium können diese Spannungen weitgehend kompensiert werden. In derart hochdotierten Schichten lassen sich aber keine Bauelemente mehr mit pn-Übergangsisolation herstellen. Dieses Problem kann durch eine weitere, niedrig dotierte Epitaxieschicht umgangen werden, die auf die hochbordotierte Schicht aufgewachsen wird. Man spricht dann von einer vergrabenen p^+-Ätzstoppschicht.

Passivierungsschichten für das Ätzen mit KOH-H$_2$O-Ätzlösungen

Als Materialien zur Maskierung der Siliziumoberfläche werden bei KOH-Ätzlösungen hauptsächlich Siliziumoxid- und Siliziumnitridschichten verwendet. Siliziumoxid zeigt dabei eine deutlich höhere Ätzrate (5–8 nm/min) im Vergleich zu Siliziumnitrid (<1 nm/min), das nahezu nicht angegriffen wird. Es wird deshalb, vor allem bei größeren Ätztiefen, bevorzugt Siliziumnitrid verwendet, das durch LPCVD (**L**ow **P**ressure **C**hemical **V**apor **D**eposition → Abschn. 5.1.2.1) oder PECVD (**P**lasma **E**nhanced **C**hemical **V**apor **D**eposition → Abschn. 5.1.2.2) abgeschieden und mittels Plasmaätzen strukturiert wird.

Unterätzung konvexer Ecken

Weisen mikromechanische Strukturen konvexe Ecken auf, so erfolgt beim anisotropen Ätzen, ausgehend von solchen Ecken, eine Unterätzung (Abb. 6.10). Das Ausmaß dieses unerwünschten Ätzangriffs hängt von der verwendeten Zusammensetzung der Ätzlösung, der Ätzzeit bzw. Ätztiefe, der Ätztemperatur und der Oberflächenbeschaffenheit der Siliziumscheibe ab.

Die Abb. 6.11 zeigt die Aufnahmen einer Struktur vor und nach dem Entfernen der Ätzmaske, in der die Unterätzung der konvexen Ecken deutlich zu sehen ist. Die konkaven Ecken der Struktur werden entsprechend der Ätzmaske abgebildet.

Das Unterätzen konvexer Ecken lässt sich ausschließen, wenn die Ätzmaske durch sogenannte Kompensationsstrukturen ergänzt wird, die so ausgelegt sind, dass sie die Ecken so lange vor einem Ätzangriff schützen, solange die gewünschte Ätztiefe noch nicht erreicht ist (Abb. 6.12). Durch die an den konvexen Ecken der Kompensationsstrukturen auftretende Unterätzung werden diese mit zunehmender Ätzdauer immer kleiner und verschwinden am Ende des Ätzprozesses gänzlich, sodass im Idealfall konvexe Ecken mit einem Winkel von 90° zurückbleiben (Abb. 6.13).

Abb. 6.10 Unterätzung von konvexen Ecken beim anisotropen Ätzen

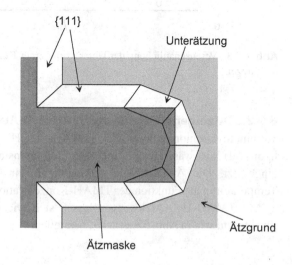

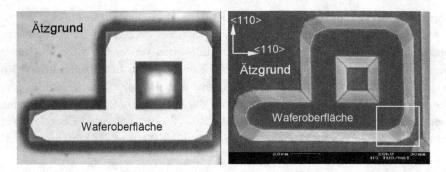

Abb. 6.11 Unterätzung der konvexen Ecken einer Si-Struktur in einer mit Isopropyl-alkohol gesättigten KOH-H$_2$O-Ätzlösung

Abb. 6.12 Verschiedene Kompensationsstrukturen zum Schutz konvexer Ecken vor Unterätzung

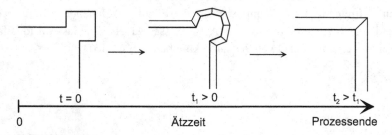

Abb. 6.13 Veranschaulichung der Unterätzung einer Kompensationsstruktur in Abhängigkeit von der Ätzzeit

6.1.2.2 Ätzeigenschaften von TMAH-H$_2$O-Ätzlösungen

Tetramethylammoniumhydroxid (TMAH → (CH$_3$)$_4$NOH) wird wie KOH (Kalium-hydroxid) als wässrige Lösung zur dreidimensionalen Strukturierung von Silizium eingesetzt. Die Ätzraten von (100)-Silizium in TMAH/H$_2$O sind für verschiedene Temperaturen als Funktion der TMAH-Konzentration in Abb. 6.4 dargestellt.

Mit TMAH-H$_2$O-Ätzlösungen lassen sich wie mit KOH/H$_2$O dreidimensionale Si-Strukturen, wie in Abb. 6.6 gezeigt, herstellen.

Abb. 6.14 Ätzrate von (100)-Si in TMAH/H$_2$O bei verschiedenen Temperaturen als Funktion der TMAH-Konzentration

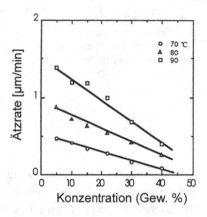

Tab. 6.1 Eigenschaften von KOH/H$_2$O und TMAH/H$_2$O

	Anisotropie-verhältnis <100>/<111>	Selektivität <100>/SiO$_2$	IC-Prozess-kompatibili-tät	Handhabung	Ätzmaske	Kosten
KOH/H$_2$O	Hoch	Mittel	Nein	Einfach	Si$_3$N$_4$	Niedrig
TMAH/H$_2$O	Niedrig	Hoch	Ja	Einfach	SiO$_2$, Si$_3$N$_4$	Mittel

Ein Vergleich der Abb. 6.4 und 6.14 zeigt, dass die Ätzraten in TMAH/H$_2$O kleiner sind, aber mit abnehmender TMAH-Konzentration zunehmen.

In Tab. 6.1 findet sich eine Gegenüberstellung der wichtigsten Eigenschaften von KOH/H$_2$O und TMAH/H$_2$O.

Ein wichtiger Vorteil von TMAH-H$_2$O- gegenüber KOH-H2O- Ätzlösungen ist ihre IC-Prozesskompatibilität, die vor allem dann notwendig ist, wenn die Wafer nach dem Ätzen einen Hochtemperaturprozess durchlaufen bzw. in eine IC-Prozesslinie eingeschleust werden müssen.

6.1.3 Elektrochemisches Ätzen

6.1.3.1 Elektrochemisches Ätzen in einem HF-Elektrolyt

Dieser Ätzprozess erfolgt in einem flusssäurehaltigen Elektrolyt mit dem zu strukturierenden Siliziumsubstrat als Anode und einer Platinelektrode als Kathode (Abb. 6.15). Es bildet sich bei einer ausreichend hohen Stromdichte auf der Siliziumoberfläche eine dünne Oxidschicht, die durch den flusssäurehaltigen Elektrolyt aufgelöst wird, sodass ein Materialabtrag erfolgt. Es handelt sich dabei um einen transport- bzw. diffusionsbegrenzten Prozess. Die Ätzgeschwindigkeit wird damit stark durch die Bewegung des Elektrolyten beeinflusst.

Abb. 6.15 Schema einer Zweielektrodenanordnung zum elektrochemischen Ätzen von Silizium in einem HF/H$_2$O-Elektrolyt

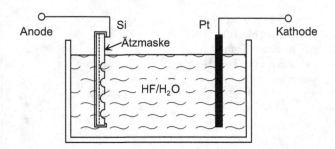

Eine typische Zusammensetzung des Elektrolyten besteht aus 5 Gew.-% HF (49%ig) und deionisiertem Wasser. Ausreichend niedrig dotiertes Silizium wird beim elektrochemischen Ätzen in einem HF-haltigen Elektrolyt nicht angegriffen, sodass beispielsweise bei einer n$^+$n-Struktur der Ätzprozess an der n-Schicht stoppt. Aber auch n$^+$p-, p$^+$n- und p$^+$p-Strukturen zeigen dieses Verhalten. Eingehende Untersuchungen an n$^+$n-Strukturen haben gezeigt, dass die Dotierungsdichte des n$^+$-Siliziums über 3×10^{18} cm^{-3} und die der n-Schicht unterhalb von 2×10^{16} cm^{-3} liegen muss.

Das elektrochemische Ätzen in einem HF-haltigen Elektrolyt kann z. B. bei der Herstellung von Si-Drucksensoren eingesetzt werden, wobei die Siliziumscheibe zunächst isotrop oder anisotrop vorgeätzt wird. Eine niedrigdotierte n-Epitaxieschicht, deren Dicke der geforderten Membrandicke entspricht, wirkt dabei als Ätzstopp. Die Abb. 6.16 zeigt den Verlauf eines zweistufigen Ätzprozesses zur Herstellung von kreisförmigen Drucksensormembranen, die zunächst in einer HF-HNO$_3$-CH$_3$COOH-Ätze und anschließend durch elektrochemisches Ätzen strukturiert werden.

Das Erreichen der n-Epitaxieschicht lässt sich optisch bzw. anhand des Stromverlaufs feststellen, wie aus Abb. 6.17 zu ersehen ist. Die hier vorgestellte Methode ist ein isotroper Ätzprozess, sodass der Ätzabtrag bei Erreichen der n-Epitaxieschicht zwar in vertikaler stoppt, in lateraler Richtung aber unvermindert fortschreitet, sodass eine

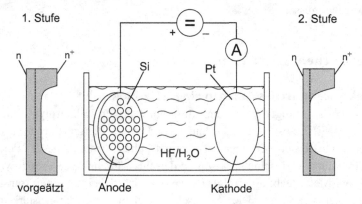

Abb. 6.16 Herstellung einer Drucksensormembran mittels Zweistufenätzprozess (Ätzmaske und Waferhalter nicht dargestellt)

Abb. 6.17 Stromverlauf über der Zeit bei Erreichen der n-Epischicht

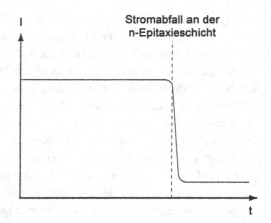

laterale Unterätzung unvermeidlich ist. Ursächlich dafür ist, dass weiterhin ein Strom über die n^+-Randbereiche der Membranstruktur fließt und als Folge davon ein lateraler Ätzabtrag durch elektrochemisches Ätzen stattfindet.

6.1.3.2 Elektrochemisches Ätzen in anisotropen Lösungen

Diese Methode bietet die Möglichkeit, durch Anlegen einer äußeren elektrischen Spannung an einen pn-Übergang einen Ätzstopp zu erzielen, wobei der pn-Übergang in Sperrrichtung vorgespannt ist (Abb. 6.18). Die gesamte anliegende Spannung fällt zunächst über dem pn-Übergang ab; es fließt näherungsweise kein Strom. Der Ätzprozess verläuft in diesem Stadium wie in einer KOH-H_2O-Lösung ohne äußere elektrische Spannung. Sobald die Ätzfront den pn-Übergang erreicht (zerstört), ist die n-Schicht direkt der Ätzlösung ausgesetzt. Die Stromdichte steigt dadurch an und führt zur Bildung einer Passivierungsschicht auf der n- Siliziumschicht, wodurch der Ätzprozess stoppt. Als Gegenelektrode wird eine Pt-Elektrode verwendet. Ein Potentiostat mit einer

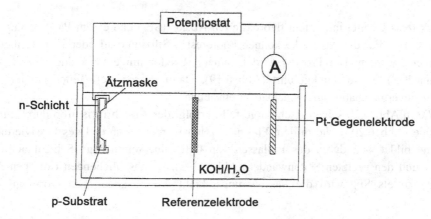

Abb. 6.18 Dreielektrodenanordnung zum anisotropen Ätzen mit Ätzstopp an einem pn-Übergang

gesättigten Calomel-Referenzelektrode in einer sogenannten Dreielektrodenanordnung regelt den Stromfluss über die Pt-Gegenelektrode so, dass sich eine konstante Potenzialdifferenz zwischen der n- Schicht und der Ätzlösung einstellt.

Die Technik des anisotropen Ätzens mit elektrochemischem Ätzstopp wird gelegentlich bei der Herstellung von Siliziumdrucksensoren eingesetzt. Hierzu wird auf ein p-Substrat eine n-Epitaxieschicht aufgebracht, um über die gesamte Scheibe einen pn-Übergang zu erzeugen. Zum Ätzen wird an die Epitaxieschicht eine positive Spannung (etwa 1 V) angelegt, um den pn-Übergang in Sperrrichtung vorzuspannen. Das p-Substrat wird an den Stellen, an denen die Ätzmaske das Silizium nicht schützt, durch die KOH-H_2O-Lösungen aufgelöst. Wird der pn-Übergang erreicht, entsteht durch die anliegende Spannung auf der n-Epischicht ein Passivierungsfilm und der Ätzvorgang stoppt. Die Dicke der Drucksensormembranen entspricht etwa der Dicke der Epischicht.

6.2   Deep Reactive Ion Etching

Deep Reactive Ion Etching (DRIE, auch als ASE → Advanced Silicon Etch und DSE → Deep Silicon Etch bezeichnet) ermöglicht die dreidimensionale Strukturierung („bulk micromachining") von Silizium mit einem Aspektverhältnis (Strukturhöhe/Strukturbreite) bis zu >30:1 und einem Winkel der geätzten Wände von 90° ± 2°. Der Prozess ist anisotrop, aber im Gegensatz zu den nasschemischen anisotropen Verfahren (KOH/H_2O, TMAH/H_2O) unabhängig von der Kristallorientierung, woraus ein hoher Freiheitsgrad für das Bauelementedesign resultiert. Die Basis des DRIE-Prozesses ist ein alternierender Ätz- und Passivierungsschritt. Der Prozess wurde von der Fa. Robert BOSCH entwickelt und patentiert und ist weltweit als BOSCH-Prozess bekannt.

6.2.1   BOSCH-Prozess

Der Prozess arbeitet mit einem fluorbasierten Ätzgas (SF_6) und einem Passivierungsgas (z. B. C_4F_8). Für die Ätzmaske können Photoresist, Siliziumoxid oder Metallschichten eingesetzt werden. Der Prozess wird in einem Reaktor mit einer Inductive-Coupled-Plasma(ICP)-Quelle durchgeführt (Abb. 6.19). Damit lassen sich Teilchendichte und Teilchenenergie unabhängig voneinander einstellen.

Wie in Abb. 6.20 schematisch dargestellt, erfolgt der Ätzschritt isotrop durch Fluorradikale (Abb. 6.20b), die in dem Plasma erzeugt werden. Während des Passivierungsschritts bildet sich durch das Einlassen von C_4F_8 eine teflonartige Schicht auf dem Wafer und den geätzten Seitenwänden (Abb. 6.20c). Im anschließenden isotropen Ätzschritt mittels SF_6 wird die Passivierungsschicht wieder abgetragen, vorrangig auf

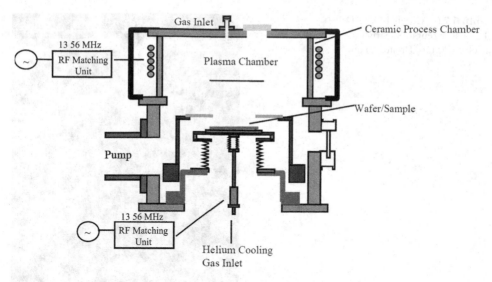

Abb. 6.19 Deep-Reactive-Ion-Etching(DRIE)-Anlage mit Inductive-Coupled-Plasma(ICP)-Quelle

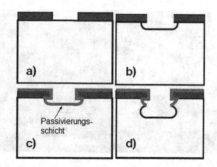

Abb. 6.20 BOSCH-Prozess: Ätz- und Passivierungsschritt. **a** Si-Wafer mit Ätzmaske; **b** erster Ätzschritt (isotrop); **c** Passivierungsschritt (es bildet sich auf allen Flächen eine dünne Polymerschicht); **d** zweiter Ätzschritt (die Polymerschicht auf dem Ätzgrund wird durch Ionenbeschuss abgetragen, der isotrope Ätzprozess setzt sich fort)

dem Ätzgrund, der verstärkt einem Ionenbeschuss ausgesetzt ist (Abb. 6.20d). Die Passivierung auf den Seitenwänden bleibt weitgehend erhalten und verhindert ein laterales Ätzen. Durch alternierendes isotropes Ätzen und Passivieren lassen sich auf diese Weise Strukturen mit senkrechten Wänden erzeugen. Es können Aspektverhältnisse bis >30:1 und Ätzraten bis etwa 20 µm/min erreicht werden.

Abb. 6.21 Mittels BOSCH-Prozess erzeugte Si-Struktur. Tiefe: 100 μm, Breite: 10 μm

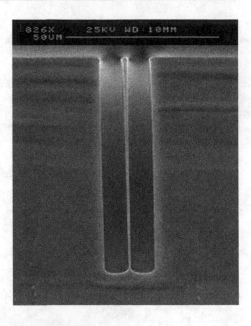

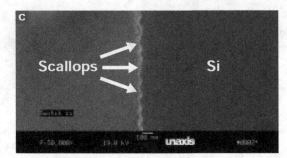

Abb. 6.22 Oberflächenrauigkeit einer mithilfe des BOSCH-Prozesses geätzten Si-Struktur

In Abb. 6.21 ist eine mithilfe des BOSCH-Prozesses erzeugte Si-Struktur dargestellt. Die sich durch das alternierende isotrope Ätzen und Passivieren auf der Seitenfläche ausbildende Oberflächenrauigkeit wird in Abb. 6.22 gezeigt. Die Länge der Scallops beträgt 0,5–1 μm, die Tiefe etwa 0,1 μm. Diese Werte lassen sich durch einen schnelleren Gas- bzw. Prozesswechsel (Ätzgas ↔ Passivierungsgas) weiter verringern.

Die dreidimensionale Strukturierung von Si durch RIE erfordert für verschiedene Strukturen verschiedene Ätzparameter, die durch Probedurchläufe ermittelt werden müssen.

Oberflächen-Mikromechanik

7

7.1 Polysilizium-Oberflächen-Mikromechanik

Bei dieser Technologie handelt es sich um einen Prozess zur Herstellung von drei-dimensionalen Strukturen auf der Oberfläche einer Siliziumscheibe. Im Gegensatz zum Bulk Micromachining verwendet man hier eine bzw. mehrere übereinanderliegende Polysiliziumschichten (oder auch andere Materialien wie Metalle z. B), die vor dem Abscheiden der nächsten Schicht strukturiert werden und durch sogenannte Opfer-schichten („sacrificial layer, sacrificial spacer") voneinander getrennt sind [6–7, 21]. Zuletzt werden diese Schichten sozusagen geopfert, indem sie durch nasschemisches Ätzen entfernt werden, sodass auf der Scheibenoberfläche die gewünschten drei-dimensionalen Polysiliziumstrukturen zurückbleiben.

Die wichtigsten Prozessschritte der Polysilizium-Oberflächen-Mikromechanik sind:

- Abscheidung und Strukturierung der als Opferschicht dienenden Schicht auf dem Siliziumsubstrat,
- Abscheidung und Strukturierung der Polysiliziumschicht (Bauelementeschicht),
- Entfernung der Opferschicht durch laterales Unterätzen der Polysiliziumstruktur.

Bei komplexeren Strukturen wiederholen sich diese Prozessschritte, die Entfernung aller Opferschichten geschieht gemeinsam in einem einzigen Prozessschritt.

Die Abb. 7.1 verdeutlicht die Prozessschritte zur Herstellung einer freistehenden Polysilizium-Mikrobrückenstruktur.

In Abb. 7.2 ist ein „micro shutter" (Mikroblende) zu sehen, der unter Verwendung von drei Polysiliziumschichten und zwei Opferschichten („sacrificial layer") gefertigt wurde. Der detaillierte Prozessablauf ist in Abb. 7.3 dargestellt.

© Der/die Autor(en), exklusiv lizenziert an Springer Fachmedien Wiesbaden GmbH, ein Teil von Springer Nature 2022
H. D. Ngo, *Technologien der Mikrosysteme,* https://doi.org/10.1007/978-3-658-37498-3_7

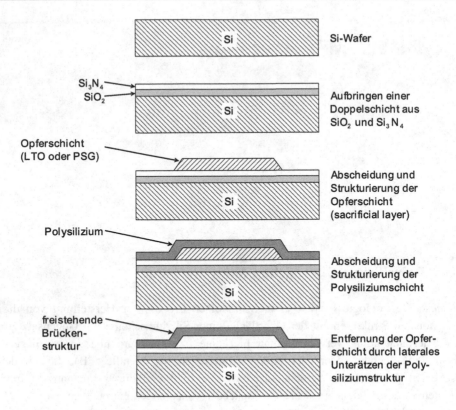

Si-Wafer

Si₃N₄
SiO₂

Aufbringen einer
Doppelschicht aus
SiO₂ und Si₃N₄

Opferschicht
(LTO oder PSG)

Abscheidung und
Strukturierung der
Opferschicht
(sacrificial layer)

Polysilizium

Abscheidung und
Strukturierung der
Polysiliziumschicht

freistehende
Brücken-
struktur

Entfernung der Opfer-
schicht durch laterales
Unterätzen der Poly-
siliziumstruktur

Abb. 7.1 Typische Prozessschritte bei der Herstellung einer Polysilizium-Mikrobrückenstruktur in Oberflächen-Mikromechanik

Abb. 7.2 Mittels
Oberflächen-Mikromechanik
hergestellter Polysilizium-
Micro-Shutter

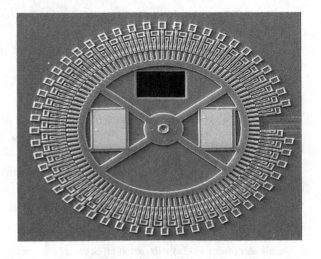

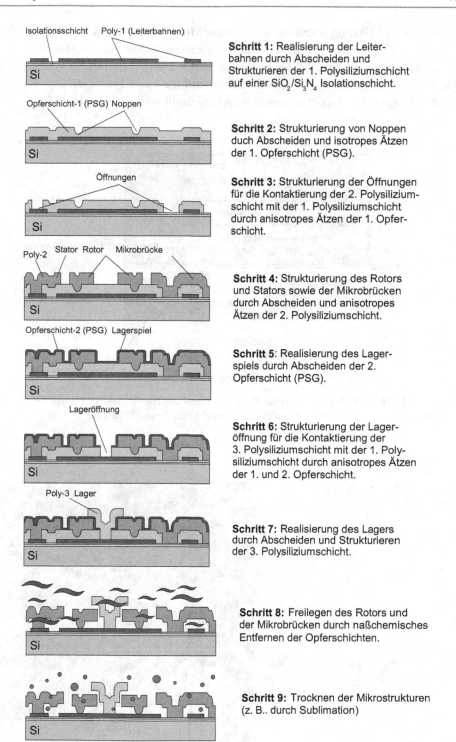

Schritt 1: Realisierung der Leiterbahnen durch Abscheiden und Strukturieren der 1. Polysiliziumschicht auf einer SiO_2/Si_3N_4 Isolationschicht.

Schritt 2: Strukturierung von Noppen duch Abscheiden und isotropes Ätzen der 1. Opferschicht (PSG).

Schritt 3: Strukturierung der Öffnungen für die Kontaktierung der 2. Polysiliziumschicht mit der 1. Polysiliziumschicht durch anisotropes Ätzen der 1. Opferschicht.

Schritt 4: Strukturierung des Rotors und Stators sowie der Mikrobrücken durch Abscheiden und anisotropes Ätzen der 2. Polysiliziumschicht.

Schritt 5: Realisierung des Lagerspiels durch Abscheiden der 2. Opferschicht (PSG).

Schritt 6: Strukturierung der Lageröffnung für die Kontaktierung der 3. Polysiliziumschicht mit der 1. Polysiliziumschicht durch anisotropes Ätzen der 1. und 2. Opferschicht.

Schritt 7: Realisierung des Lagers durch Abscheiden und Strukturieren der 3. Polysiliziumschicht.

Schritt 8: Freilegen des Rotors und der Mikrobrücken durch naßchemisches Entfernen der Opferschichten.

Schritt 9: Trocknen der Mikrostrukturen (z. B.. durch Sublimation)

Abb. 7.3 Prozessschritte bei der Herstellung des in Abb. 7.2 abgebildeten Polysilizium-Micro-Shutter

Der Prozess SUMMiT V (**S**andia **U**ltra-planar **M**ulti-Level **MEMS** **T**echnology V) ist der bisher komplexeste Polysilizium-surface-micromachining-Prozess, bei dem fünf Polyziliziumschichten, getrennt durch vier „sacrificial layer", zum Einsatz kommen. Die Abb. 7.4 veranschaulicht schematisch die Schichtenfolge dieses Prozesses.

Ein Mikrogetriebe, das mit diesem Prozess hergestellt wurde, zeigt Abb. 7.5.

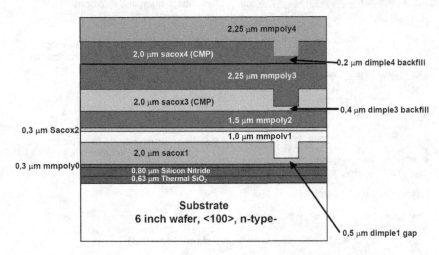

Abb. 7.4   SUMMiT V-Prozess: Schichtenfolge (sacox → „sacrificial oxide"; mmpoly → „micro-machining polysilicon", CMP → „chemical mechanical planarization"; Sandia)

Abb. 7.5   Mikrogetriebe mit Polysilizium-Mikrozahnrädern, hergestellt mit dem SUMMiT V-Prozess (Sandia)

7.2 Chemical Mechanical Planarization (CMP)

Chemical Mechanical Polishing (CMP) zählt zu den Standardprozessen der Mikroelektronik und der Mikrosystemtechnik. Das Verfahren beruht auf einer Kombination aus chemischem (Ätzen) und mechanischem (Polieren) Abtrag. Eine Planarisierung der Oberflächentopographie ist insbesondere bei Multilevelstrukturen (z. B. Oberflächen-Mikromechanik → Abschn. 7.1) wichtig, um Unebenheiten zu beseitigen, die zwangsläufig zu einer ungenügenden Kantenbedeckung („step coverage") und zum Abreißen nachfolgender Schichten führen. Hinzu kommt, dass in der Lithographie nur auf planaren Oberflächen eine genaue Abbildung der zu realisierenden Strukturen möglich ist.

Für den Prozess wird der zu planarisierende Wafer auf einen Waferhalter befestigt und mit definiertem Druck auf den Polierteller (Platen) mit Poliertuch (Polishing-Pad) gepresst. Polierteller und Waferhalter rotieren in gleicher oder in entgegengesetzter Richtung (Abb. 7.6).

Das Poliertuch besteht aus einem Polyurethanschaum oder aus einem mit Polyurethan getränkten Vliesmaterial. Während des Prozesses wird über ein Pumpsystem eine Poliersuspension (Slurry → chemisch/mechanisch wirkendes Poliermittel) auf das Poliertuch aufgebracht. So entsteht zwischen Wafer und Poliertuch ein dünner Slurry-Film, der die zu planarisierende Schicht chemisch ätzt und durch die in ihm enthaltenen abrasiv wirkenden Partikel einen mechanischen Abtrag der Schicht bewirkt. Die chemische Zusammensetzung und der pH-Wert des Slurry hängen von dem zu planarisierenden Schichtmaterial ab (Oxidschichten, z. B. PSG, BPSG → hoher pH-Wert; Metallschichten → niedriger pH-Wert). Die abrasiven Partikel haben eine Größe im Nanometerbereich und bestehen beispielsweise aus SiO_2 (Silica) bei der Planarisierung von Oxidschichten bzw. aus Al_2O_3 bei Metallen. Die Größe der abrasiven Partikel beeinflusst signifikant die Abtragrate und die Oberflächenschädigung („surface damage").

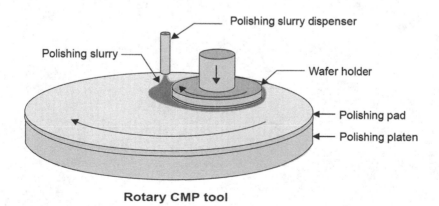

Abb. 7.6 Prinzipielle Darstellung des Chemical-Mechanical-Polishing(CMP)-Prozesses

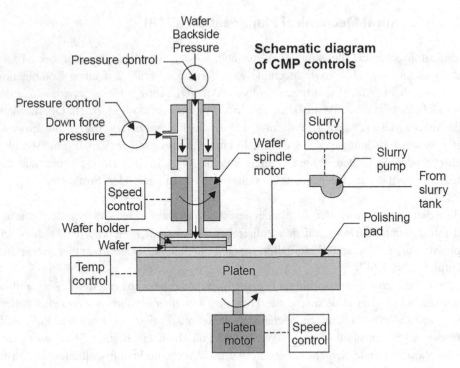

Abb. 7.7   Prinzipieller Aufbau einer Chemical-Mechanical-Polishing(CMP)-Anlage

Allgemein: Der chemische Ätzangriff raut die Waferoberfläche auf, was den mechanischen Abtrag der Oberfläche durch die abrasiven Partikel im Slurry begünstigt.

Die Abb. 7.7 zeigt die wichtigsten Funktionselemente einer CMP-Anlage.

Waferbonden

8

Die Funktion vieler Bauelemente in der Mikrosystemtechnik setzt einen drei-dimensionalen Aufbau voraus, der häufig aus zwei oder mehr Wafern besteht. Waferbonden nimmt deshalb bezüglich des Zusammenfügens („assembling") und der Gehäusung („packaging") dieser Bauelemente eine Schlüsselrolle ein. Die zur Anwendung kommenden Methoden lassen sich entsprechend Abb. 8.1 in zwei Gruppen unterscheiden ([6–7, 18, 21]).

8.1 Bondverfahren mit Zwischenschicht

8.1.1 Eutektisches Bonden

Um zwei Siliziumwafer durch eutektisches Bonden zu verbinden, wird eine dünne Au- oder Al-Schicht (etwa 1–2 µm dick) auf einen oder beide Verbindungspartner durch Vakuumbedampfen oder Sputtern aufgebracht. Die Wafer werden vor dem Bonden mittels einer Vorrichtung zueinander justiert und in einem Ofen unter Belastung durch eine Gewichtskraft in einer reduzierenden Atmosphäre (H_2 oder N_2/H_2) gebondet. Bei Temperaturen von etwa 400 °C (Au) bzw. etwa 600 °C (Al) bildet sich in der Verbindungszone eine flüssige Phase, deren Zusammensetzung dem Eutektikum von Si und Au bzw. Al entspricht. Entsprechend den Abb. 8.2 und Abb. 8.3 betragen die Schmelztemperaturen dieser eutektischen Legierungen für Si/Au 363 °C bzw. für Si/Al 577 °C.

Die Vorteile des eutektischen Waferbondens sind:

- hermetisch dichte Verbindung,
- hohe Bondfestigkeit,
- elektrisch und thermisch gut leitende Verbindung,

H. D. Ngo, *Technologien der Mikrosysteme*, https://doi.org/10.1007/978-3-658-37498-3_8

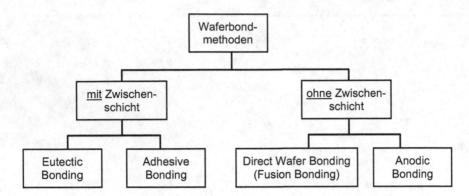

Abb. 8.1 Waferbondtechniken in der Mikrosystemtechnik

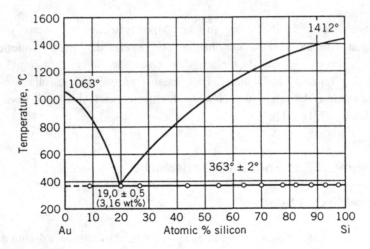

Abb. 8.2 Phasendiagramm des Systems Gold-Silizium

- aufgrund der Bildung einer flüssigen Phase in der Verbindungszone während des Bondens ist der Prozess unempfindlich gegenüber Partikeln auf den Verbindungsflächen (Partikel kleiner als die Verbindungsschichtdicke),
- einfache Abscheidung der Verbindungsschichten durch Vakuumbedampfen oder Sputtern,
- als Batch-Prozess durchführbar.

Nachteile sind:

- Aufgrund der unterschiedlichen Ausdehnungskoeffizienten von Silizium und Verbindungsschicht entstehen beim Abkühlen thermische Spannungen.

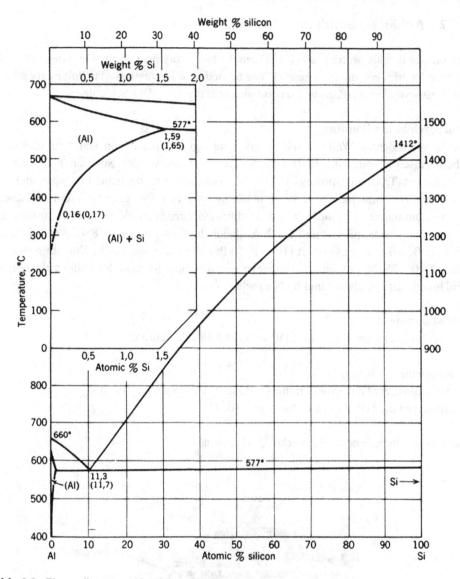

Abb. 8.3 Phasendiagramm Aluminium-Silizium

- Für den Bondprozess ist ein spezieller Ofen notwendig.
- Bei dem System Si/Al muss der Bondprozess wegen der hohen Prozesstemperatur vor der Metallisierung der Bauelemente durchgeführt werden.
- Au ist nicht kompatibel zu den Prozessen der Siliziumtechnologie.

8.1.2 Adhäsives Bonding

Bei dieser Technik werden als Zwischenschichten Polymere, Spin On Glass (SOG), Photoresist oder Polymide eingesetzt. Von besonderem Interesse ist das Polymerbonding mit Benzocyclobutan (BCB) und das Bonden mithilfe von SOG-Schichten.

Benzocyclobutan-Bonding
Die zu verbindenden Wafer werden zuerst gereinigt und mit einem Haftvermittler versehen. Anschließend wird BCB mittels Spin-on-Technik oder Sprühen aufgetragen. Es folgt ein Trocknungsprozess (60–70 °C, 1–5 min), um restliche Lösungsmittel zu entfernen. Die Schichtdicke variiert abhängig von den Prozessparametern zwischen wenigen μm und etwa 20 μm. Für den Bondprozess werden die Wafer in einer Justiervorrichtung zueinander justiert und durch Abstandhalter separiert (Abb. 8.4). Anschließend wird die Bondkammer evakuiert (10^{-3}–10^{-4} hPa), die Wafer werden in Kontakt gebracht und auf 200–250 °C aufgeheizt. Um einen ganzflächigen Kontakt der Wafer zu erzielen, wird eine Kraft zwischen 2 und 5 kN angelegt.

SOG-Bonding
Die Beschichtung der Wafer mit SOG umfasst folgende Schritte:

- Reinigung der Wafer,
- Auftragen der SOG-Schicht mittels Lackschleuder (Spin-on-Technik),
- Aushärten der Schicht in Luft bei 150–180 °C.

Es stellt sich dabei eine Schichtdicke <500 nm ein.

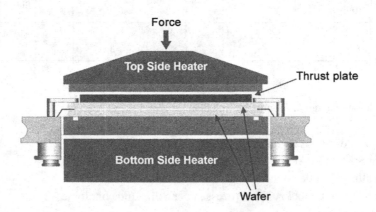

Abb. 8.4 Bondvorrichtung für das adhäsive Bonding (ohne Bondkammer)

Der Bondprozess wird bei Raumtemperatur und Krafteinwirkung in einer Anlage wie in Abb. 8.4 durchgeführt. Danach werden die Wafer einer mehrstündigen Temperung bei etwa 200–300 °C ausgesetzt, um die Bondfestigkeit zu erhöhen.

Vorteile des adhäsiven Bonding:

- Es können unterschiedliche Materialien gebondet werden,
- einfaches Aufbringen der Schichten durch Spin-on-Technik,
- niedrigere Bondtemperatur,
- der Prozess ist unempfindlich gegen Partikel auf der Waferoberfläche, solange die Partikel kleiner als die Schichtdicke sind,
- Es lassen sich vergleichsweise hohe Bondfestigkeiten erreichen,
- geringere thermische Spannungen im Vergleich zum eutektischen Bonden,
- niedrigere Kosten.

Nachteile sind:

- Keine hermetisch dichten Verbindungen herstellbar,
- begrenzte Langzeitstabilität.

8.2 Bondverfahren ohne Zwischenschicht

8.2.1 Anodisches Bonden

Anodisches Bonden ist eine Technik zur Verbindung von Metallen, Legierungen und Halbleitern mit ausgesuchten Gläsern. Andere Bezeichnungen für dieses Verfahren sind Elektrostatisches Bonden (Electrostatic Bonding), Field Assisted Bonding und Mallory Bonding. Anodisches Bonden ist eine in der Mikrosystemtechnik weitverbreitete Verbindungstechnik, um einzelne Chips oder ganze Siliziumscheiben mit einem Glasträger hermetisch dicht zu verbinden. Die dafür verwendeten Gläser sind sogenannte Borosilikatgläser wie Corning # 7740 (Pyrex), Hoya SD2 oder Borofloat (Schott Glaswerke) mit einem annähernd gleichen thermischen Ausdehnungskoeffizienten wie Silizium. Diese enthalten u. a. einige Prozent Natriumoxid (Na_2O), was für den Bondprozess von essenzieller Bedeutung ist.

Zum Bonden werden beide Partner unter Raumatmosphäre, Vakuum oder Inertgas auf eine Temperatur zwischen 300 und 500 °C aufgeheizt; es handelt sich also um einen Niedertemperaturprozess (Abb. 8.5). Nach Erreichen der Verbindungstemperatur wird eine Gleichspannung zwischen etwa −300 V und etwa −1 kV angelegt, sodass sich die durch das Aufheizen beweglich gewordenen positiven Natriumionen im Glas durch das elektrische Feld von der Glas-Silizium-Grenzfläche zur negativen Elektrode hin bewegen, um an der Glasoberfläche neutralisiert zu werden. Der Zeitverlauf des damit

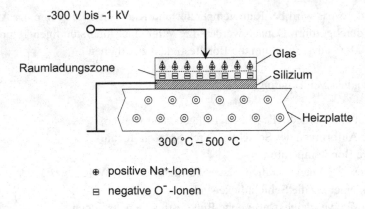

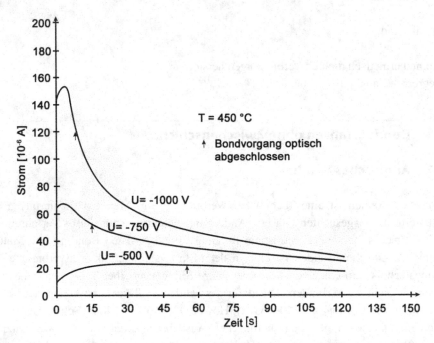

Abb. 8.5   Schema einer Anordnung zum anodischen Bonden von Silizium und Glas

Abb. 8.6   Zeitliche Stromverläufe beim anodischen Bonden von Glas und Silizium für Bondspannungen zwischen −500 V und −1000 V

verbundenen elektrischen Stroms durch den Schichtstapel Si/Glas ist für eine konstante Bond-Gleichspannung in Abb. 8.6 aufgetragen. Durch die Verarmung der grenzflächennahen Zone im Glas an freien positiven Na^+-Ionen bildet sich durch die zurückbleibenden negativen Sauerstoffionen O^- eine Raumladungszone aus.

Bondmechanismus

Die während des Bondens anliegende Gleichspannung fällt über die einige Mikrometer dicke Raumladungszone im Glas und dem aufgrund von Unebenheiten der Verbindungs-flächen nicht ausschließbaren Luftspalt ab. Der nach dem Aufheizen der Verbindungs-partner und Anlegen der Bondspannung einsetzende Bondprozess beruht sowohl auf der elektrostatischen Anziehung der Bondpartner als auch auf einer chemischen Reaktion an der Grenzschicht:

1. Durch die hohe elektrische Feldstärke in der Raumladungszone bzw. in dem Luftspalt wirkt auf die beiden Bondflächen eine elektrostatische Anziehungskraft pro Flächen-einheit von einigen MPa. Dadurch wird eine Annäherung der Bondflächen lokal auf atomare Abstände erreicht, was voraussetzt, dass beide Flächen optisch poliert (Rau-tiefe <1 nm) und partikelfrei sind.
2. Die hohe elektrische Feldstärke in der Raumladungszone bewirkt zudem, dass die Sauerstoffionen O^- zur Grenzschicht Glas/Si driften und mit dem Silizium zu SiO_2 reagieren (anodische Oxidation). Die auf diese Weise gebildete Oxidschicht führt zu einer irreversiblen und hermetisch dichten Verbindung der Bondpartner (Abb. 8.7).
   Das anodische Bonden von Glas und Si basiert folglich auf der chemischen Reaktion zwischen Glas und Si, wobei die elektrostatische Anziehung eine notwendige Vorstufe für den eigentlichen Verbindungsprozess ist.

Von entscheidender Wichtigkeit ist beim anodischen Bonden auch, dass sich die Ausdehnungskoeffizienten der Verbindungspartner möglichst gering voneinander unter-scheiden, um das Entstehen thermischer Spannungen beim Abkühlen nach dem Ver-bindungsprozess weitestgehend auszuschließen. Die erzielbaren Festigkeitswerte von Silizium-Glas-Verbindungen streuen zwischen etwa 20 und 40 MPa.

Anodisches Bonden von Silizium und Glas ist eine industriell etablierte Methode für das Packaging von mikromechanischen Sensoren (z. B. piezoresistive und kapazitive Druck- und Beschleunigungssensoren) und Mikroaktuatoren (z. B. Pumpen, Ventile).

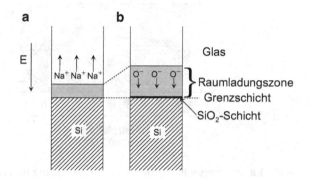

Abb. 8.7 Ionendrift im Glas unter dem Einfluss des elektrischen Felds. **a** Ausbildung einer Raumladungszone durch Na^+-Ionendrift; **b** O^--Ionendrift in der Raumladungszone zur Grenzschicht Glas/Si und Bildung einer SiO_2-Schicht durch chemische Reaktion der O^--Ionen mit dem Si

Anodisches Silizium-Silizium-Bonden

Dieses Verfahren stellt eine Variante der oben beschriebenen Methode dar. Hierbei wird eine dünne Glasschicht als Zwischenschicht verwendet, die auf eine der zu verbindenden Siliziumflächen abgeschieden wird. Als Materialien für die Glasschicht finden die gleichen Gläser Anwendung wie in Abschn. 8.2.1, die durch Sputtern oder Vakuumbedampfen mit einer Schichtdicke zwischen etwa 1 und 5 μm aufgebracht werden. Besteht die Glasschicht aus einem der angegebenen Borosilikatgläsern, so sind Prozesstemperaturen von etwa 400 °C notwendig. Um die Durchbruchfeldstärke der Glasschicht nicht zu überschreiten, arbeitet man hier mit niedrigeren Spannungen, die zwischen 50 und 200 V variieren (Abb. 8.8). Mit diesen Parametern erzielte Bondfestigkeiten liegen zwischen etwa 20 und 40 MPa und sind somit ähnlich zu den Werten, die mit massivem Glas erreicht werden.

Das Zustandekommen der Verbindung beruht auch in diesem Fall auf der elektrostatischen Anziehung und der chemischen Reaktion zwischen Sauerstoff aus der Glasschicht und dem Silizium. Weil infolge der niedrigen Spannung die elektrostatischen Anziehungskräfte geringer sind, spielen Partikelfreiheit und Ebenheit der Verbindungsflächen hier eine noch wichtigere Rolle als bei der Verbindung von massivem Glas und Silizium, sodass der Prozess nur in Reinsträumen (Reinraumklasse mindestens 100) mit befriedigender Ausbeute durchführbar ist. Nachteilig ist bei dieser Prozessvariante, dass der Bondvorgang nicht optisch beobachtet werden kann, wie im Fall des Bondens mit massivem Glas.

8.2.2 Waferbonden

Waferbonden (Direct Wafer Bonding) ist ein Full-Wafer-Verbindungsprozess in der Mikroelektronik und Mikrosystemtechnik, mit dem zwei polierte (Rautiefe <0,1 nm)

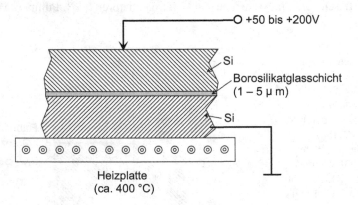

Abb. 8.8 Schematische Darstellung einer Anordnung für das anodische Bonden von Silizium mit Silizium unter Verwendung einer dünnen Borosilikatglasschicht

Waferflächen – ohne Verwendung einer Zwischenschicht – irreversible miteinander verbunden werden können. Die Waferflächen müssen dafür einer chemischen oder Plasmabehandlung unterzogen werden. Anschließend werden sie in Kontakt gebracht, wobei die auftretenden Adhäsionskräfte bereits bei Raumtemperatur eine gegenseitige Anziehung der Waferflächen bewirken. Die Adhäsionskräfte beruhen dabei in erster Linie auf Van-der-Waals-Wechselwirkungskräften. Eine Trennung der Wafer in diesem Zustand erfordert eine Energie von bis 0,2 J/m². In einer anschließenden Temperung kommt es aufgrund einer Umbildung der Verbindungsgrenzfläche zur Formierung kovalenter Bindungen. Abhängig von der Temperatur und der Zeitdauer der Temperung werden Bindungsenergien von bis zu 2,5 J/m² erreicht, was der orientierungsabhängigen Bindungsenergie des reinen Siliziumkristalls (maximal in <100>-Richtung) entspricht.

8.2.2.1 Bondmechanismen

Abhängig vom Zustand der Siliziumoberfläche muss zwischen dem hydrophilen und dem hydrophoben Waferbonden unterschieden werden. Siliziumwafer bilden in atmosphärischer Umgebung eine 1–3 nm dicke natürliche Oxidschicht, auf der sich Silanolgruppen (Si-OH) anlagern, die ihrerseits durch Wasserstoffbrückenbindungen Wassermoleküle aus der Umgebung adsorbieren, sodass sich ein wenige Monolagen dicker „Wasserfilm" auf der Waferoberfläche bildet. Die hohe Dichte von Wassermolekülen auf der Oberfläche bewirkt, dass diese sich hydrophil (wasseranziehend) verhält (Abb. 8.9a). Wird die natürliche Oxidschicht mittels HF von der Siliziumoberfläche entfernt, so entspricht der Zustand der Oberfläche in Abb. 8.9b. Die Siliziumoberfläche ist mit Wasserstoff abgesättigt, sie verhält sich wasserabweisend (hydrophob).

Abb. 8.9 Siliziumoberfläche. **a** Hydrophiles (wasseranziehendes) Verhalten; **b** hydrophobes (wasserabweisendes) Verhalten

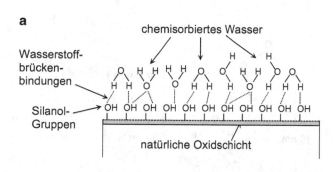

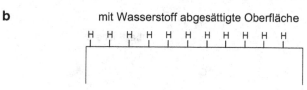

Hydrophiles Bonden

Vor dem Bonden werden die Wafer üblicherweise einer RCA-Reinigung unterzogen, die zwei Reinigungsschritte umfasst:

1. RCA1-Reinigung:
   $NH_4OH:H_2O_2:H_2O = 1:1:5$; 80 °C, etwa 10 min
   Ziel: Entfernung organischer Verunreinigungen von der Si-Oberfläche
2. RCA2-Reinigung:
   $HCl:H_2O_2:H_2O = 1:1:6$; 70 °C; 5–10 min
   Ziel: Entfernung metallischer und alkalischer Verunreinigungen

Ergänzt werden diese Schritte durch mehrmaliges Leitwertspülen in DI-Wasser. Durch die Reinigung entsteht auf der Si-Oberfläche eine Vielzahl von Si-OH-Gruppen, was eine ausgeprägte Hydrophilisierung bewirkt. Werden die Wafer nun bei Raumtemperatur in Kontakt gebracht, so bilden sich zwischen den Wassermolekülen auf der Oberfläche Wasserstoffbrückenbindungen. Die Abb. 8.10a zeigt eine schematische Darstellung der Bondgrenzfläche für diesen Fall. In Abb. 8.10c sind Infrarotbilder zu sehen, die die Ausbreitung der gebondeten Zone veranschaulichen.

Werden die bei Raumtemperatur gebondeten Wafer einer Hochtemperaturtemperung ausgesetzt, so kommt es zu temperaturabhängigen Umwandlungsprozessen an der Bondgrenzfläche:

100 °C–150 °C: Diffusion der Wassermoleküle entlang der Grenzfläche und in das Oxid → Reaktion mit Si zu SiO_2 und H_2:

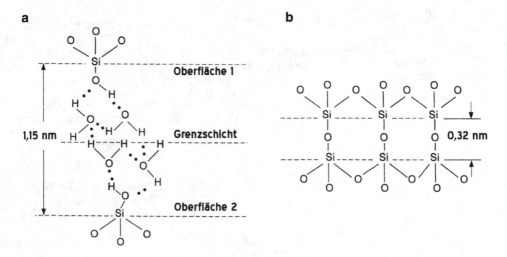

Abb. 8.10 Grenzschichtstruktur von hydrophil gebondeten Si-Wafern. **a** Nach dem Bonden bei Raumtemperatur; **b** nach einer Temperung über 800 °C

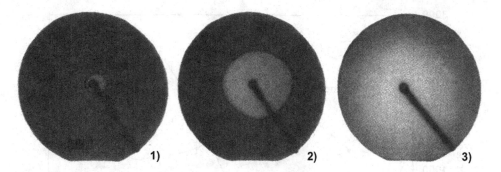

Abb. 8.10c Ausbreitung der gebondeten Zone bei Raumtemperatur. **1.** Beginn des Bondens nachdem die Oberflächen in Kontakt gebracht wurden; **2.** Ausbreitung der Bondzone nach etwa 2 s; **3.** vollflächiges Bonden nach etwa 5 s

$$Si + 2\,H_2O \rightarrow SiO_2 + 2\,H_2$$

Das Wegdiffundieren der Wassermoleküle führt zu einer Annäherung und Reaktion der gegenüberliegenden Silanolgruppen; es bilden sich Siloxanverbindungen und Wasser:

$$-Si-OH + OH-Si- \leftrightarrow -Si-O-Si- +H_2O$$

Bei etwa 800 °C beginnt SiO_2 zu fließen, sodass die durch Mikrorauigkeiten der Waferoberfläche bedingten ungebondeten Grenzflächenbereiche („voids") geschlossen werden. Das Ergebnis dieser Veränderung ist eine über die gesamte Waferoberfläche geschlossene Oxidschicht (Abb. 8.10b). Die Abhängigkeit der Bondenergie von der Tempertemperatur ist Abb. 8.11 zu entnehmen.

Hydrophobes Waferbonden
Eine wesentliche Veränderung der chemischen Grenzschichtstruktur (Abb. 8.9b) tritt erst oberhalb 400 °C ein, indem der Wasserstoff von den Oberflächen desorbiert, in das Silizium diffundiert bzw. aus dem Silizium entlang der Grenzfläche ausdiffundiert oder Grenzflächenblasen („voids") bildet. Die zurückbleibenden, nicht abgesättigten Siliziumatome bilden in der Folge Si-Si-Bindungen. Dieser Prozess führt zu einem signifikanten Anstieg der Bondenergie oberhalb einer Temperatur von etwa 400 °C (Abb. 8.11). Im Unterschied zu hydrophil gebondeten Wafern bildet sich bei hydrophob gebondeten Wafern in der Grenzschicht kein Oxid, sondern nur eine Korngrenze.

8.2.2.2 Bindungsenergie
Um Aussagen über die Bondfestigkeit gebondeter Wafer zu gewinnen, wird häufig die Bindungsenergie herangezogen. Eine weit verbreitete Methode zur Ermittlung dieser Energie ist der Klingentest, auch als „crack opening method" bezeichnet. Wie in Abb. 8.12 dargestellt, wird bei dieser Technik eine Klinge der Dicke h (150–200 µm) am Rand zwischen die gebondeten Wafer eingetrieben, bis sich ein Riss an der Bondgrenze

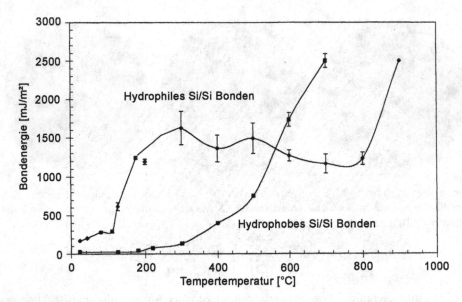

Abb. 8.11 Bondenergien von hydrophil und hydrophob gebondeten Wafern als Funktion der Tempertemperatur

Abb. 8.12 Klingentest zur Ermittlung der Bondenergie (schematisch)

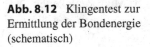 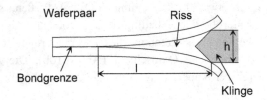

bildet. Die Energie E_B der elastischen Verformung der Siliziumwafer wird dabei durch die zur Trennung der beiden Oberflächen notwendige Adhäsionsarbeit W_A kompensiert. Nachdem sich ein energetisches Gleichgewicht eingestellt hat, lässt sich aus der damit verbundenen Risslänge l die Bondenergie bestimmen.

Zwischen der Energie E_B der elastischen Verformung der Wafer und der Adhäsionsarbeit W_A besteht folgender Zusammenhang:

$$W_A = 2\,\gamma = E_B = \frac{3Eh^2d^3}{16\ell^4} \tag{8.1}$$

Voraussetzung dafür ist, dass die Wafer nicht plastisch verformt werden, das subkritische Risswachstum vernachlässigt wird und bezüglich der Einführung der Klinge nur ein Streifen konstanter Breite des Waferverbunds betrachtet wird.

γ: Bondenergie der Verbindung

E: Elastizitätsmodul von Silizium in der kristallographischen Richtung der Rissausbreitung

d: Waferdicke

Für die Bondenergie γ folgt aus Gl. 8.1:

$$\gamma = \frac{3Eh^2d^3}{32\ell^4} \sim \text{konst.} \frac{1}{\ell^4} \ [J/m^2] \tag{8.2}$$

Der Test ist zwar mit Unsicherheiten behaftet, aber für Vergleichszwecke gut geeignet.

8.2.3 Niedertemperatur-Waferbonden

Verschiedene technologische Randbedingungen erlauben nach dem Bonden der Wafer bei Raumtemperatur keinen Hochtemperaturprozess ($T > 400\,°C$). Beispiele dieser Art sind: Vermeidung von Dotierprofiländerungen, temperaturempfindliche Strukturen, metallisierte Wafer, Wafer mit Schichten mit sehr unterschiedlichen thermischen Ausdehnungskoeffizienten.

Um durch Niedertemperaturtempern (Low Temperature Wafer Bonding) vergleichbare Bondfestigkeiten wie durch Hochtemperaturtempern zu erzielen, müssen Oberflächenbedingungen geschaffen werden, die während des Niedertemperaturtemperns zu ähnlichen Grenzflächenkräften führen.

Bei hydrophil gebondeten Wafern ist die Bondenergie proportional zur Anzahl der Silanolgruppen (Si-OH) in der Grenzschicht. Eine Erhöhung der Bondenergie lässt sich folglich durch eine Vergrößerung der Dichte der Silanolgruppen erreichen. Ein einfaches Verfahren zur Steigerung der Bondenergie hydrophil gebondeter Wafer bietet die chemische Modifikation der Waferoberflächen vor dem Bonden in einer Lösung aus Tetramethoxysilan (TMOS) oder Tetraethoxysilan (TEOS). Es lassen sich damit durch Tempern bis $400\,°C$ Bondenergien zwischen $1{,}7\ J/m^2$ und $2{,}0\ J/m^2$ erzielen.

Eine Erhöhung der Dichte der Silanolgruppen kann auch durch eine Plasmabehandlung der Oberflächen erreicht werden. Der größte Effekt lässt sich in einem O_2-Plasma erzielen. Das Bonden bei Raumtemperatur von in einem O_2-Plasma modifizierten Waferoberflächen bewirkt bereits eine Zunahme der Bondenergie um einen Faktor 2. Eine anschließende Temperung für 2 h bei $300\,°C$ erhöht die Bondenergie auf über $1{,}5\ J/m^2$. Ähnliche Ergebnisse wurden nach einer Behandlung in einem N_2- oder CO_2-Plasma beobachtet.

8.3   SOI-Wafer

Silicon-**O**n-**I**nsulator(SOI)-Wafer werden durch Waferbonden oder mittels **S**eparation by **Im**plantation of **O**xygen (SIMOX) hergestellt. Sie finden beispielsweise Anwendung in der Mikroelektronik in Low-voltage-\Low-power-Schaltkreisen, strahlungsresistenten Schaltkreisen und Low-\High-Voltage-Bauelementen auf einem Chip. Typische Anwendungen in der Mikrosystemtechnik sind Drucksensoren, Beschleunigungs- sensoren, mikrooptische Bauelemente und Mikroaktuatoren. Die Abb. 8.13 bis 8.15 zeigen schematisch folgende Prozesse:

- Herstellung eines SOI-Wafer mittels Bonden, Schleifen und Polieren (CMP; Abb. 8.13)
- Bond-and-Etch-back-SOI (BESOI; Abb. 8.14a)
- Unibond-Prozess (auch Smart-cut-Prozess; Abb. 8.14a)
- Separation-by-Implanted-Oxygen(SIMOX)-Prozess (Abb. 8.15)

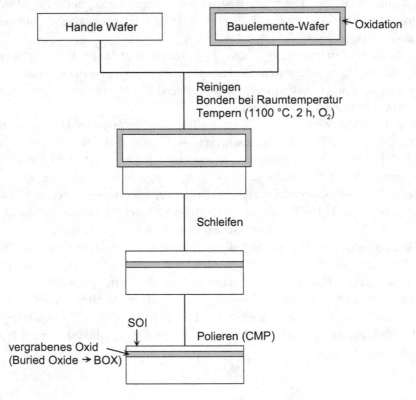

Abb. 8.13 Herstellung eines Silicon-On-Insulator(SOI)-Wafers mittels Bonden, Schleifen und Polieren (Chemical Mechanical Polishing, CMP)

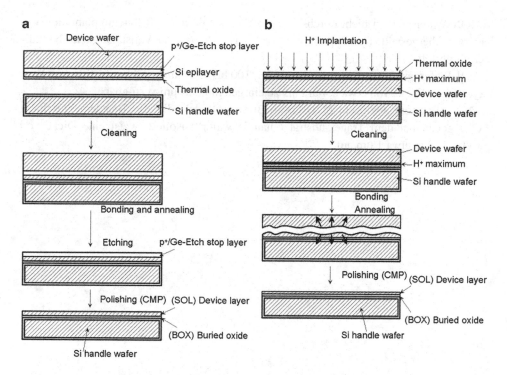

Abb. 8.14 **a** Bond-and-Etch-back-SOI (BESOI); **b** Unibond-Prozess (auch Smart-cut-Prozess)

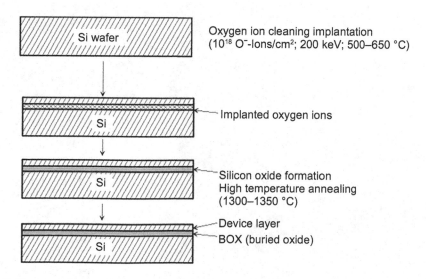

Abb. 8.15 **S**eparation-by-**Im**planted-**Ox**ygen(SIMOX)-Prozess

SIMOX-Wafer werden nicht durch Waferbonden, sondern durch Ionenimplantation von Sauerstoff hergestellt. Der Prozess wird aber aus Gründen der Vollständigkeit ebenfalls hier vorgestellt.

SOI-Wafer sind mit Durchmessern von 100 bis 300 mm und einer **Silicon-O**ver-**L**ayer(SOL)-Dicke von etwa 0,4 µm bis zu einigen hundert µm verfügbar.

Die vergrabene Oxidschicht (BOX → Buried Oxide), die die Bauelementeschicht (SOL) gegenüber dem Trägersubstrat („handle wafer") isoliert, weist eine Dicke von etwa 0,2 bis zu etwa 1 µm auf.

Kontaktierverfahren

9

Nach dem elektrischen Funktionstest bzw. vor der Gehäusung („packaging") müssen die Bauelemente (Chips oder „dice")[1] auf einem Wafer vereinzelt werden ([3], [6, 7], [12, 13], [15], [19], [21], [28]).

9.1 Chip-vereinzelung

Es kommen dafür zwei unterschiedliche Methoden zur Anwendung:

- Ritzen und Brechen (Abb. 9.1),
- Sägen (Trennschleifen) mit einem/r Diamantsägeblatt/-trennscheibe; Abb. 9.2)

Im Allgemeinen werden Si-Bauelemente heute bei einem Waferdurchmesser von >150 mm durch Sägen vereinzelt. (100)-Wafer mit einem Durchmesser <150 mm und einer Dicke von $\leq$300 µm können auch durch Ritzen und Brechen zerteilt werden. Dies geschieht durch automatisches Ritzen der Waferoberfläche mit dem Diamantwerkzeug eines Waferritzers. Die Ritzlinien werden längs <110>-Richtungen ausgeführt. Nach dem Ritzen wird auf die Wafer, auf einer weichen Unterlage, mit einem Roller ein Druck ausgeübt, sodass die Wafer entlang der Ritzlinien brechen. Die Bruchebenen („cleavage planes") bei (100)-Wafern entsprechen {111}-Ebenen, die mit der (100)-Ebene einen Winkel 54,74° bilden.

Beim Sägen mit einem Diamantsägeblatt werden die Wafer mit einer Sägefolie (PCV-Folie mit einer einseitigen Klebeschicht) auf einen Sägerahmen montiert (Abb. 9.2a). Das Vereinzeln der Chips geschieht anschließend mittels einer weitgehend automatisch

---

[1] Singular: Chip oder „die".

H. D. Ngo, *Technologien der Mikrosysteme*, https://doi.org/10.1007/978-3-658-37498-3_9

Abb. 9.1 Ritzlinien und
Bruchebene in (100)-Silizium

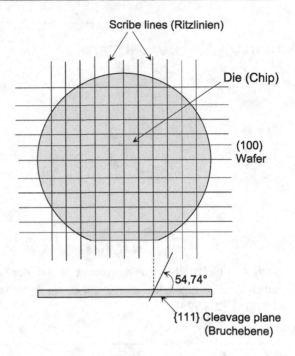

arbeitenden Wafersäge, wie sie in Abb. 9.2b und Abb. 9.2c zu sehen ist. Während des
Sägeprozesses werden Wafer und Sägeblatt mit DI-Wasser gekühlt. Die Chips („dice")
bleiben nach dem Sägen auf der Folie haften und können so von der Folie weiter verarbeitet werden.

9.2   Verbindung von Chip und Träger

Die zuverlässige Kontaktierung eines Halbleiterbauelements setzt eine ausreichend feste
Verbindung der Chiprückseite mit dem Chipträger (z. B. Substrat, Gehäuse) voraus.
Für diese Verbindung (Chip- oder Die-Bonding- bzw. Die-Attach-Verbindung) können
unterschiedliche Methoden angewendet werden. Es müssen dabei die Anforderungen an
die Verbindung hinsichtlich der mechanischen und thermischen Eigenschaften berücksichtigt werden. Um thermische Spannungen weitgehend zu vermeiden, sollten sich insbesondere die thermischen Ausdehnungskoeffizienten von Chip und Träger nur wenig
unterscheiden.

Die in der Mikrosystemtechnik üblichen Methoden der Chipbefestigung werden
nachfolgend beschrieben. Die wichtigste Rolle spielt in diesem Zusammenhang das
Kleben.

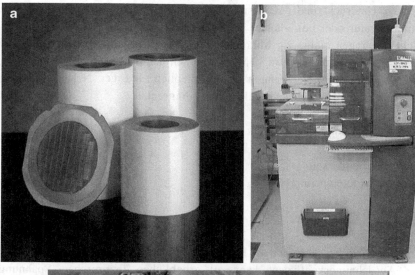

Abb. 9.2 Wafersägesystem. **a** Auf einen Sägerahmen mit Sägefolie montierter Wafer; **b** Photographie des Waferssägesystems (Quelle Disco); **c** Photographie des Wafers auf dem Chuck und Sägeblatt

9.2.1 Kleben

Meist kommen Ein- oder Zwei-Komponenten-Epoxidharzkleber zum Einsatz. Um eine ausreichende elektrische und thermische Leitfähigkeit zu erzielen, sind die Kleber überwiegend (70–80 Masse-%) metallgefüllt (Ag, Ni, Cu oder Au). Ausschließlich wärmeleitende Kleber sind mit 60 bis 75 Masse-% mit Al_2O_3 oder Bornitrid gefüllt. Zum Aufbringen einer definierten Menge und Form werden das Siebdruck-, das

Stempel- oder Umdruck- und das Dosierverfahren eingesetzt. Die Aushärtung erfolgt bei Raumtemperatur oder bei erhöhter Temperatur (bis etwa 150 °C). Übliche Kleberschichtdicken betragen einige zig Mikrometer. Mit Epoxidharzklebern lassen sich bei 300 K Kurzzeitfestigkeiten bis etwa 30 MPa erreichen. Die Langzeitfestigkeiten und die Festigkeiten bei höheren Temperaturen liegen erheblich niedriger. Neben Epoxidharzklebern werden auch Polyimide und Silikonkleber eingesetzt.

Vorteile des Klebens sind:

- Einfache Verarbeitbarkeit
- Niedrige Aushärtetemperaturen

Nachteile:

- Meist starke Festigkeitsabnahme der Klebeverbindung mit der Temperatur
- Großer Ausdehnungskoeffizient kann zu erheblichen thermischen Spannungen führen → Verwendung flexibler Kleber (Silikonkleber)

9.2.2 Weichlöten

Es können damit gut thermisch und elektrisch leitende Verbindungen hergestellt werden, die in ihrer Festigkeit über denen von Klebeverbindungen liegen. Silizium ist nicht ohne geeignete Metallisierung (Ni/Au oder Ti/Au) lötbar. Übliche Lote basieren auf PbSn- und PbSnAg-Legierungen (zukünftig dürfen nur noch bleifreie Lote wie SnCu, SnAg, SnAgCu eingesetzt werden). Die Löttemperaturen betragen zwischen etwa 200 °C und 350 °C. Die Lote werden als fertige Formteile („preforms") oder vom Band verarbeitet und sind gekennzeichnet durch höchste Reinheit der Ausgangskomponenten und Erschmelzen im Vakuum. Dadurch sind sie für eine flussmittelfreie Lötung geeignet, die unter Schutzgas durchgeführt wird. Bei ausreichender Schichtdicke (etwa 50 µm) lassen sich Ausdehnungsunterschiede zwischen Sensorchip und Gehäuse bzw. Träger teilweise ausgleichen. Die Verbindungen liegen in der chemischen Beständigkeit und der mechanischen Festigkeit zwischen den Klebeverbindungen und den restlichen Verfahren. Sie sind hermetisch dicht.

9.2.3 Eutektisches Bonden

Bei diesem Verfahren findet eine Legierungsbildung bei einer Temperung statt, die weit unter dem Schmelzpunkt der Verbindungspartner (ein Partner besteht aus Silizium) liegt. Wie aus Abb. 8.2 ersichtlich ist, liegt für das System Au/Si der eutektische Schmelzpunkt bei etwa 370 °C.

Beim Bondvorgang werden Sensorchip und Träger auf die erforderliche Temperatur erhitzt, wobei der Sensorchip leicht angedrückt wird. Eine oszillierende Bewegung des

Abb. 9.3 Prinzip des eutektischen Bondverfahrens mit dem System AuSi

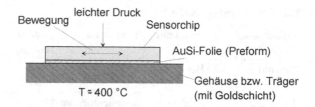

Sensorchips unterstützt die Benetzung und beschleunigt den Legierungsvorgang. Als Verbindungsmaterial werden z. B. „preforms" (20–40 µm dick) aus der eutektischen Legierung verwendet (Abb. 9.3). Aufgrund des relativ hohen E-Moduls der Verbindungsschicht bilden sich vergleichsweise hohe Spannungen im Sensorchip, wenn Gehäuse bzw. Träger einen von Silizium verschiedenen Längenausdehnungskoeffizienten besitzen.

Das eutektische Bonden liefert elektrisch und thermisch gut leitende, hermetisch dichte und mechanisch feste Verbindungen.

9.3 Drahtbonden (Wirebonding)

Die elektrische Verbindung zwischen den Kontaktflächen eines Mikrobauelements und den Kontakten eines Trägerplättchens oder den Gehäuseanschlüssen erfolgt beim Drahtbonden mittels dünner Drähte, üblicherweise Gold (Pt, Cu) oder Aluminium mit Drahtdurchmessern von etwa 17–50 µm (Abb. 9.4).

Drahtverbindungen sind Festkörperschweißungen, bei denen die Bindung zwischen den Fügepartnern – Draht und Kontaktmetallisierung – auf den Kohäsionskräften in einem Festkörper beruht. Festkörperschweißungen erfordern eine großflächige Annäherung der Metallgitter der zu verbindenden Oberflächen auf Gitterabstand, sodass die atomaren Bindungskräfte wirksam werden können und wechselseitige Diffusion stattfinden kann. Um diese Bedingungen zu erfüllen, muss mindestens einer der beiden Verbindungspartner (im Fall des Drahtbondens der Draht) plastisch ver-

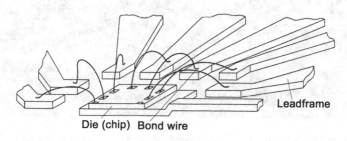

Abb. 9.4 Prinzip der Kontaktierung mittels Drahtbonden

Tab. 9.1 Drahtbondverfahren

Drahtbonden	Bondkraft	Temperatur	Ultraschall-energie	Draht	Kontaktmaterial
Thermo-kompression	Hoch	300–500 °C	Nein	Au	Al, Au
Ultraschall	Niedrig	Raumtemperatur	Ja	Au, Al	Al, Au
Thermosonic	Niedrig	100–150 °C	Ja	Au (Pt, Cu)	Al, Au, Cu

formbar sein. Abhängig von den Prozessbedingungen können nachfolgende Verfahren unterschieden werden, wie in Tab. 9.1 zusammengefasst:

9.3.1 Thermokompressions-verfahren

Bei diesem Verfahren wird der Bonddraht bei einer Temperatur zwischen 300 und 500 °C mit einer relativ hohen Kraft auf den Kontakt gepresst. Durch Diffusion und atomare Bindungskräfte wird ein Verschweißen der Verbindungspartner erreicht, ohne dass an der Grenzfläche eine flüssige Phase auftritt. Die Abb. 9.5 zeigt ein REM-Bild einer Thermokompressionsdrahtbondverbindung. Aufgrund der hohen Temperaturen und der hohen Kräfte findet dieses Verfahren in der Mikrosystemtechnik selten bzw. keine Anwendung.

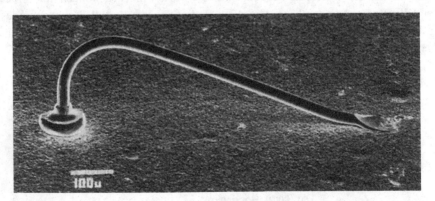

Abb. 9.5 Rasterelektronenmikroskopische Aufnahme einer Thermokompressionsdrahtbondverbindung (als Bondwerkzeug dient dabei eine Kapillare wie in Abb. 9.9)

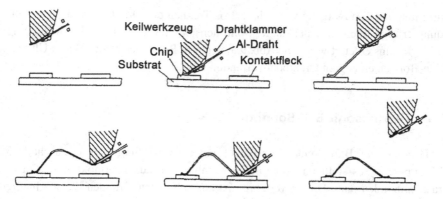

Abb. 9.6 Verfahrensablauf beim Ultraschall-Wedge-Bonden (Wedge-Wedge-Bonden)

9.3.2 Ultraschall-Wedge-Bonden

Das Ultraschall-Wedge-Bonden arbeitet ohne Wärmezufuhr, der Verbindungsprozess erfolgt allein durch Druck- und Ultraschalleinwirkung (Abb. 9.6). Es werden üblicherweise Drähte aus Al/Si und reinem Aluminium verwendet.

Der Ablauf einer Wedge-Wedge-Verbindung ist in Abb. 9.6 dargestellt. Das Bondwerkzeug hat die Form eines Keils („wedge"), der ein Führungsloch besitzt, in dem der Draht geführt wird. Zur Herstellung der ersten Verbindung wird das Werkzeug auf die Kontaktfläche abgesenkt und der Draht mit einer bestimmten Kraft auf den Kontakt aufgesetzt. Durch die Kraft- und Ultraschalleinwirkung wird der Draht verformt und es werden oberflächliche Oxidschichten zerstört, wodurch eine Annäherung der Grenzflächen bis zur Festkörperschweißung erreicht wird. Von der ersten Verbindungsstelle wird der Draht unter Bildung einer Schlaufe zum zweiten Kontaktfleck

Abb. 9.7 Erzeugung
der Sollbruchstelle beim
Ultraschall-Wedge-Bonden

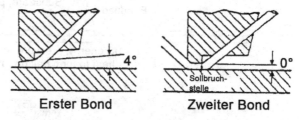

Abb. 9.8 Vergrößerte
Aufnahme eines Al-Draht-
Wedge-Bonds. Links: erster
Bond; rechts: zweiter Bond

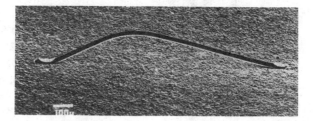

geführt und der Bondvorgang wiederholt. Das Trennen des Drahts nach der zweiten Verbindung erfolgt durch Abreißen an der Sollbruchstelle (Abb. 9.7), die durch Neigung des Bondwerkzeugs erzeugt wird. Die Abb. 9.8 zeigt ein Photo der beiden durch Ultraschall-Wedge-Bonden erzeugten Drahtbondverbindungen.

9.3.3 Thermosonic Ball-Bonding

Das Thermosonic Ball-Bonding geschieht unter Einwirkung von Ultraschall, Kraft und Temperatur (es stellt im Prinzip eine Kombination aus Thermokompressions- und Ultraschallbonden dar). Dieses Verfahren ist aus folgenden Gründen die am häufigsten eingesetzte Drahtkontaktiermethode:

- Schneller als Ultraschall-Wedge-Bonden
- Bondwerkzeug kann in alle Richtungen bewegt werden, ohne Spannungen im Draht zu verursachen
- Gut für automatisches Bonden geeignet

Beim Thermosonic Ball-Bonding (Abb. 9.9), das nahezu überwiegend mit Golddraht arbeitet, wird der Draht durch eine Kapillare geführt, deren Bohrung dem Drahtdurchmesser angepasst ist. An das überstehende Drahtende wird durch eine Funkenentladung eine Kugel (Ball) angeschmolzen, mit einem Durchmesser, der etwa dem 2,5- bis 3,5-fachen Drahtdurchmesser entspricht. Anschließend wird die Kapillare auf

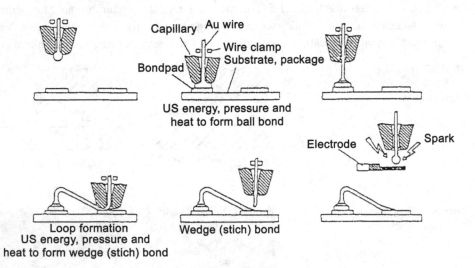

Abb. 9.9 Prinzip des Thermosonic-Ball-Bondverfahrens. Drahtwerkstoff: Au (Pt, Cu); typischer Drahtdurchmesser: 17–25 μm; Temperatur: ≤150 °C. Das Verfahren wird gelegentlich auch als Ball/Wedge-, Ball/Stitch- bzw. Nailhead-Bonding bezeichnet

den ersten Kontaktfleck abgesenkt und die erste Bondverbindung unter Druck-, Wärme- und Ultraschalleinwirkung hergestellt. Bei Verwendung bestimmter Kapillaren erhält die Kugel dabei ein nagelkopfähnliches Aussehen, weshalb dieses Verfahren auch als Nailhead-Bonding bezeichnet wird.

Danach wird die Kapillare angehoben, wobei der Draht aus der Kapillare herausgezogen wird. Beim anschließenden Absenken der Kapillare auf den zweiten Kontaktfleck bildet der Draht eine Schlaufe (Loop). Die zweite Bondverbindung wird nun ebenfalls unter Kraft-, Wärme- und Ultraschalleinwirkung erzeugt. Im Unterschied zum ersten Bondvorgang wirkt hier der Rand der Kapillare als keilähnliches Werkzeug, ähnlich dem Bondkeil („wedge") beim Ultraschallbonden. Diese Bondverbindung wird auch als Stitch-Bond bezeichnet. Die Kapillare verformt den Draht so, dass eine Sollbruchstelle entsteht (Abb. 9.10), wodurch beim erneuten Anheben der Kapillare (bei geschlossener Drahtklammer) der Draht an dieser Stelle reißt. Am überstehenden Drahtende wird nun erneut eine Kugel für den nächsten Bondvorgang angeschmolzen. Das Aussehen der beiden Verbindungen entspricht dem des Thermokompressionsbondens in Abb. 9.5.

In Tab. 9.2 sind die wesentlichen Merkmale der beiden Bondtechniken (Ultraschall-Wedge- und Thermosonic-Ball-Bonding) zusammengefasst.

Abb. 9.10 Entstehung der Sollbruchstelle beim Thermosonic-Ball-Wedge-Bonden

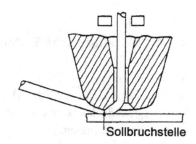

Tab. 9.2 Vergleich Ball-Bonding vs. Wedge-Bonding

Verfahren	Bondwerkzeug	Draht	Kontakt (Pad)	Geschwindigkeit
Thermosonic-Ball-Bonden	Kapillare („capillary")	Au (Pt, Cu)	Al, Au, Cu	10 Drähte/s
Ultraschall-Wedge-Bonden	Keil („wedge")	Au, Al	Al, Au	4 Drähte/s

Abb. 9.11 Prinzipieller Aufbau einer Sonotrode

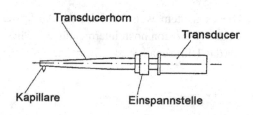

Tab. 9.3 Wesentliche Eigenschaften des Thermosonic-Ball- und des Ultraschall-Wedge-Bondens

	Thermosonic-Ball-Bonden	Ultraschall-Wedge-Bonden
Vorteile	• Keine Kaltverfestigung der Kontakte • Gut geeignet für Bondautomaten	• Unempfindlich gegen oberflächliche Oxidschichten • Verwendung von preisgünstigem Al-Draht • Keine Temperaturbelastung der Bauelemente
Nachteile	• Thermische Belastung der Bauelemente • Verwendung von teurem Au (Pt)-Draht • Keine Kontaktierung ultraschallempfindlicher Bauelemente	• Kaltverfestigung der Kontakte • Eingeschränkter Freiheitsgrad • Keine Kontaktierung ultraschallempfindlicher Bauelemente

Die Kapillare ist beim Thermosonic-Bonden in eine rüsselförmige Halterung eingespannt (Sonotrode; Abb. 9.11). Zur Erzeugung der Ultraschallschwingungen werden die von einem HF-Generator erzeugten elektrischen Schwingungen mittels eines piezoelektrischen oder eines magnetostriktiven Transducers in mechanische Schwingungen umgewandelt (etwa 60 kHz), die von der Sonotrode auf die Kapillare übertragen werden. Beim Thermosonic-Bonden werden Sensorchip und Trägerplättchen bzw. Gehäuse auf etwa 120–150 °C aufgeheizt.

9.3.4 Metallurgische Systeme

Au-Au-System
Au-Draht auf einen Au-Kontakt gebondet stellt ein extrem stabiles System dar, weil keine Grenzflächenkorrosion, intermetallische Phasen oder andere Degradationsmechanismen auftreten.

Au-Al-System
Au-Al-Bonden ist der am häufigsten angewendete Drahtbondprozess. Das System kann bereits bei niedrigen Temperaturen (z. B. während des Bondens) intermetallische Phasen bilden ($AuAl_2$, $Au_5Al_2 \rightarrow$ „purple pest") und zu Kirkendall-Voids (Hohlstellen im Bereich der Bondverbindungen) führen. Das System Au-Al kann aus diesem Grund bei höheren Temperaturen Zuverlässigkeitsprobleme verursachen.

Al-Al-System
Dieses System weist wie das Au-Au-System eine hohe Zuverlässigkeit auf. Es treten weder Korrosion noch intermetallische Phasen auf. Das System eignet sich insbesondere für das Ultraschall-Wedge-Bonden.

In Tab. 9.3 sind die wesentlichen Eigenschaften der in den beiden vorangehenden Abschnitten beschriebenen Drahtbondverfahren zusammengefasst

9.4 Simultankontaktierverfahren

Bei diesen Verfahren handelt es sich im Gegensatz zur Einzelkontaktierung durch Drahtbonden um eine Komplettkontaktierung, bei der alle Anschlüsse eines Chips gleichzeitig kontaktiert werden. Voraussetzung dafür ist, dass die Kontakte eines Chips mit Höckern, sogenannten „bumps", versehen sind. Die für die Mikrosystemtechnik bedeutendsten Simultankontaktierverfahren sind:

- Flip-Chip-Bonding
- Tape-Automated-Bonding (TAB)

Abb. 9.12 Schema des Flip-Chip-Bondens

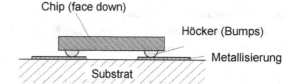

Abb. 9.13 Querschnitt eines Lot-Bumps

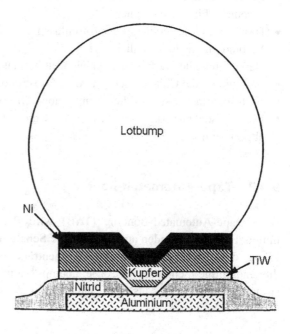

9.4.1 Flip-Chip-Bonding

Mit Flip-Chip-Bonding wird zunächst nur angedeutet, dass der Chip zum Bonden mit der Systemseite nach unten auf das Substrat aufgesetzt wird, man spricht deshalb auch von Face-down-Bonden (Abb. 9.12). Die gleichzeitige Kontaktierung aller Chipanschlüsse geschieht dabei durch Lötverbindungen zwischen den Chipanschlüssen und den Anschlüssen auf dem Trägerplättchen (Substrat). Hierfür werden lötfähige „bumps" verwendet (Abb. 9.13), die im Anschluss an den normalen Fertigungsprozess auf die Kontaktflächen der Halbleiterbauelemente aufgebracht werden.

Um Höcker mit einer Höhe von etwa 70 bis 120 µm herzustellen, wird die C4-Methode („controlled collapse chip connections") angewendet. Es werden dabei zunächst auf die Al-Metallisierung des Halbleiterbauelements durch Sputtern Haft- und Diffusionssperrschichten (z. B. TiW, Cu und Ni) abgeschieden, die nach einer photolithographischen Strukturierung durch Vakuumbedampfen oder Siebdruck mit einer Lotschicht bedeckt werden. Das Lot wird mit einem größeren Durchmesser abgeschieden als die metallisierte Basisfläche des späteren Höckers. Wird das Lot aufgeschmolzen, so zieht es sich aufgrund der Oberflächenspannung von der nicht benetzenden Passivierungsschicht auf die benetzende Metalloberfläche zurück und bildet dort den gewünschten Höcker.

Flip-Chip-Bonden bietet gegenüber dem Drahtbonden einige bemerkenswerte Möglichkeiten, hat aber auch Konsequenzen:

- Der Raumbedarf für die Kontaktierung entspricht der Chipgröße.
- Die Anordnung der Chipanschlüsse ist nicht auf den Rand beschränkt, sie ist über die gesamte Chipfläche möglich.
- Das Fehlen von Drähten oder Anschlusspins liefert die kleinstmögliche Anzahl von Verbindungsstellen, nämlich eine.
- Herstellung aller Verbindungen gleichzeitig, unabhängig von ihrer Anzahl.
- Verbindung der Chiprückseite mit dem Substrat entfällt.
- Verlustwärme muss über die „bumps" abgeführt werden.
- Die Ausdehnungskoeffizienten von Chip und Substrat müssen aufeinander abgestimmt sein.

9.4.2 Tape-Automated-Bonding

Beim Tape-Automated-Bonding (TAB) wird der zu kontaktierende Chip zunächst mittels Flip-Chip-Bonden auf eine flexible Schaltung aufgebracht. Diese, in Form eines Films, dient dabei entweder als Zwischenträger („chip on tape") oder stellt bereits die endgültige Schaltung dar. Die „bumps" auf dem Chip können als Lot-Bumps (weiche „bumps") oder als harte „bumps" aus Au oder Ni ausgeführt sein; sie werden

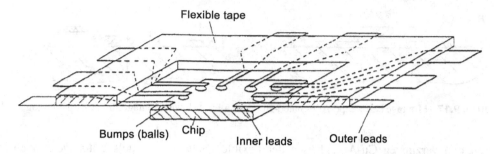

Abb. 9.14 Prinzip des Tape-Automated-Bonding (flexible Schaltung mit Chip bereits aus dem Filmträger ausgeschnitten)

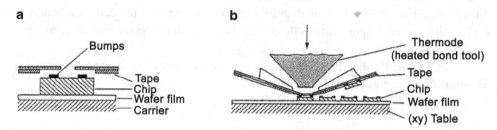

Abb. 9.15 Inner-Lead-Bond (ILB). **a** Tape mit inneren Anschlüssen und Chip vor dem ILB; **b** Aufsetzen der Thermode zum ILB

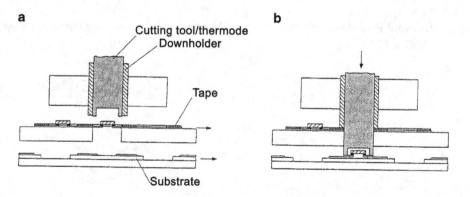

Abb. 9.16 Outer-Lead-Bond (OLB). **a** Film („tape") mit eingebondetem Chip vor dem Ausstanzen, **b** Ausstanzen des Chip und Herstellung der Außenverbindungen (OLB)

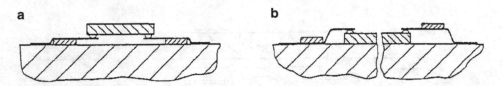

Abb. 9.17 Montage beim Tape-Automated-Bonden. **a** Face-down-Montage; **b** Face-up-Montage

mit den verzinnten Cu-Anschlüssen der flexiblen Schaltung mittels Löten verbunden (Abb. 9.14).

Dient das Tape nur als Zwischenträger, so unterscheidet man zwei Kontaktierungs-schritte: das sogenannte Inner-Lead-Bonden (ILB) und das Outer-Lead-Bonden (OLB). Beim ILB wird der Chip mit den Cu-Bahnen des Films verbunden (Abb. 9.15), der einen Ausschnitt enthält, in den die Leiterbahnen hineinragen. Der Film mit den eingebondeten Chips wird auf eine Spule aufgerollt und in dieser Form weiterverarbeitet (Test bzw. OLB).

Beim OLB werden die Chips aus dem Film herausgestanzt und mit den Kontakten des Substrats oder Gehäuses verbunden (Abb. 9.16).

Die wichtigsten Eigenschaften von TAB sind:

- kleinste, vor dem Einbau voll elektrisch prüfbare Bauform,
- flache Bauform, nur wenig Einbauplatzbedarf,
- der Film („tape") mit Cu-Anschlüssen ist mechanisch stabiler als Bonddrähte,
- Ausdehnungsunterschiede von Chip und Trägermaterial haben keine nachteiligen Auswirkungen,
- es ist sowohl Face-down- als auch Face-up-Montage (bessere Wärmeableitung) mög-lich (Abb. 9.17).

Nicht-Silizium-High-Aspect-Ratio-Micro-Structures

10

Mikrostrukturen mit hohem Aspektverhältnis lassen sich nicht nur mit den Prozessen der Silizium-Mikromechanik, sondern auch durch die Lithographie-Galvanoformung-Abformung(LIGA)-Technik und durch Heißpressen („hot embossing") erzeugen ([6, 7], [21]).

10.1 LIGA-Technik (mit Röntgentiefenlithographie)

Die LIGA-Technik (LIGA → **Li**thographie, **G**alvanoformung, **A**bformung) beruht auf einer Kombination der Fertigungsschritte Röntgentiefenlithografie mit Synchronstrahlung, Galvanoformung und Kunststoffabformung. Die Abb. 10.1 zeigt die wichtigsten Fertigungsschritte dieses Verfahrens.

Beim LIGA-Verfahren erfolgt die Erzeugung der primären Mikrostruktur durch einen Lithografieprozess mit Röntgenstrahlung aus einem Synchrotron oder Speicherring ($\lambda \approx 0{,}2\text{--}2$ nm). Hierbei wird das Absorbermuster einer Röntgenmaske in eine dicke Resistschicht, die sich auf einer metallischen Grundplatte befindet, übertragen. Als Resist findet Polymethylmethacrylat (PMMA), ein röntgenempfindlicher Kunststoff, Anwendung. Die Röntgenmaske besteht aus einer dünnen, über einen stabilen Rahmen gespannten Trägermembran aus einem Metall niedriger Ordnungszahl oder einer Kaptonfolie (Abb. 10.2), auf der sich die Absorberstrukturen befinden. Nach dem Entwickeln des Resists kann – unter Verwendung der metallischen Grundplatte als Elektrode – galvanisch Metall abgeschieden werden. Nach dem Abtrennen des Metallblocks von der Grundplatte und dem Herauslösen des Resists ergibt sich ein stabiler Formeinsatz. Diese Struktur kann auch das endgültige Produkt darstellen (nach Prozessschritt 4).

© Der/die Autor(en), exklusiv lizenziert an Springer Fachmedien Wiesbaden GmbH, ein Teil von Springer Nature 2022
H. D. Ngo, *Technologien der Mikrosysteme,* https://doi.org/10.1007/978-3-658-37498-3_10

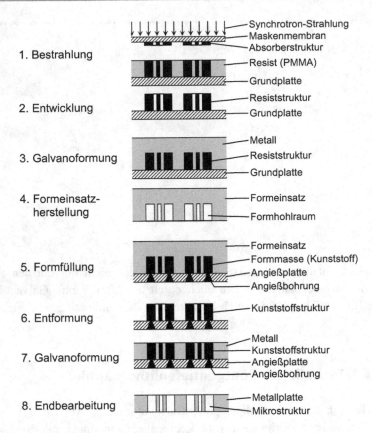

Abb. 10.1 Prinzipielle Fertigungsschritte des Lithographie-Galvanoformung-Abformung(LIGA)-Verfahrens.

Bei der Kunststoffabformung wird der Formeinsatz durch eine metallische Platte mit Angießbohrungen abgedichtet und nach dem Evakuieren durch die Angießbohrung mit Kunststoff befüllt. Nach dem Aushärten des Kunststoffs werden die mit der Angussplatte formschlüssig verbundenen Kunststoffstrukturen aus dem Formeinsatz herausgezogen (entformt). Der Prozess ist nach diesem Schritt beendet, wenn das Kunststoffteil das Endprodukt darstellt (nach Prozessschritt 6).

Bei Verwendung der metallischen Angussplatte als Elektrode kann auch in diese Kunststoffstrukturen galvanisch Metall abgeschieden werden. Die Herstellung sekundärer Metallstrukturen ist damit sowohl durch Resiststrukturabformung (Prozessschritt 3) als auch durch Kunststoffabformung (Prozessschritt 7) möglich.

Die LIGA-Technik zeichnet sich durch ein hohes erreichbares Aspektverhältnis (Verhältnis von Strukturhöhe zu minimaler lateraler Abmessung bis zu einigen hundert), freie Designmöglichkeit in einer Ebene und die Verwendbarkeit verschiedener Werkstoffe wie Kunststoffe und Metalle aus. Es sind Mikrostrukturen mit lateralen Abmessungen im Mikrometerbereich mit Fertigungstoleranzen im Submikrobereich realisierbar.

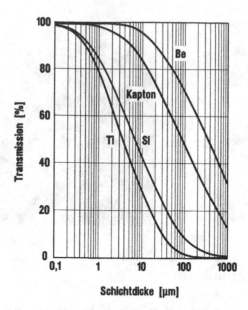

Abb. 10.2 Transmission verschiedener Maskenmaterialien. Synchrotron Bonn, 2,0 GeV, $\lambda_c =$ 0,556 nm.

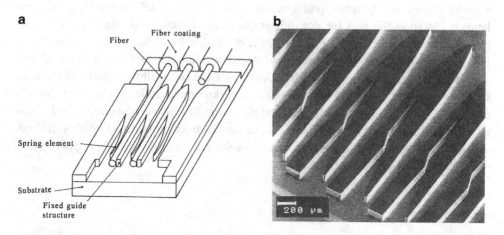

Abb. 10.3 Glasfaser-Array in Lithographie-Galvanoformung-Abformung(LIGA)-Technik. **a** Schematische Darstellung; **b** durch LIGA-Technik in Nickel gefertigte Glasfaserkopplungsstruktur.

Das LIGA-Verfahren findet Anwendung bei der Herstellung von Mikroaktuatoren, mikromechanischen Steck- und Führungselementen und Mikrosensoren (Abb. 10.3).

Beispiele mittels LIGA-Technik hergestellter mikromechanischer Bauelemente sind in den Abb. 10.3 und 10.4 dargestellt.

Abb. 10.4 Mit Lithographie-Galvanoformung-Abformung(LIGA)-Technik gefertigtes Mikrogetriebe mit Ni-Zahnrädern. Die Zahnräder werden einzeln gefertigt und anschließend zu dem Getriebe zusammengesetzt; das größte Zahnrad hat einen Durchmesser von 750 µm

10.2   UV-LIGA-Technik

Die in Abb. 10.1 vorgestellte LIGA-Technik basiert auf der Röntgentiefenlithografie mittels Synchrotronstrahlung. Speicherringe, die diese Strahlung erzeugen, sind aber nur an bestimmten Forschungszentren zu finden. Die UV-Liga-Technik[1] schließt dieses Verfügbarkeitsproblem aus, indem sie den UV-nahen Wellenlängenbereich (350 nm–400 nm) für den lithographischen Strukturierungsprozess nutzt. Als Photoresists werden Positiv- (z. B. AZ 4562, AZ 79.260) und Negativresists eingesetzt. Die größten Strukturhöhen (>1 mm) und Aspektverhältnisse (>50) können bisher mit dem Negativresist SU-8 erzielt werden. Der SU-8 ist ein epoxidharzbasierter Photoresist für Anwendungen in der Mikromechanik, Mikrooptik, Mikrofluidik und Mikroelektronik, die eine hohe Schichtdicke und eine hohe thermische und chemische Stabilität erfordern. In Abb. 10.5 sind die prinzipiellen Prozessschritte der UV-LIGA-Technik zusammengefasst. REM-Aufnahmen von SU-8 Strukturen (400 µm dick, Aspektverhältnis: 20:1) sind in Abb. 10.6 dargestellt.

10.3   Heißprägen

Heißprägen ist eine auch als „hot embossing" bezeichnete Methode, mit der unter Verwendung einer Prägeform Mikrostrukturen in Kunststoff für z. B. die Mikrooptik oder Mikrofluidik hergestellt werden können. Die Abb. 10.7 zeigt den schematischen Aufbau einer Anlage für diesen Prozess.

---

[1] Wird in der Literatur häufig auch als Low-cost-LIGA bezeichnet.

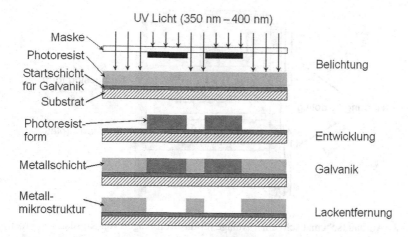

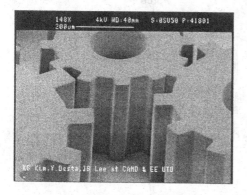
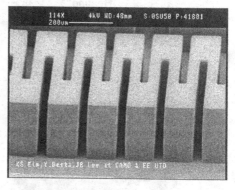

Abb. 10.5 Prozessabschnitte der Ultraviolett-Lithographie-Galvanoformung-Abformung(UV-LIGA)-Technik

Abb. 10.6 SU-8-Mikrostrukturen nach dem Entwicklungsprozess. Strukturhöhe: 400 μm, Aspektverhältnis: 20

Vor dem Prägeprozess werden Kunststoffsubstrat und Prägeform auf eine Temperatur aufgeheizt, die über der Glasübergangstemperatur[2] des Kunststoffs liegt.

Für die Standardmaterialien Polymethylmetacrylat (PMMA) und Polykarbonat (PC) liegt diese Temperatur zwischen 100 und 180 °C. Nach dem Aufheizen werden Form und Kunststoff in Kontakt gebracht und mit einer Kraft von 20–30 kN der Prägeprozess durchgeführt.

---

[2] Glasübergangstemperatur: Unterhalb der Glasübergangstemperatur ist ein amorphes oder teilamorphes Polymer glasartig und hart, oberhalb geht es in einen gummiartigen bis zähflüssigen Zustand über.

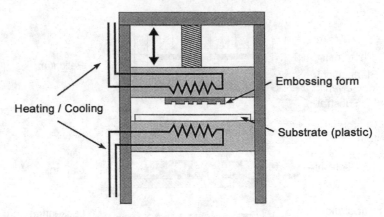

Abb. 10.7 Aufbau (schematisch) einer Anlage für das Heißprägen von Kunststoffmikrostrukturen

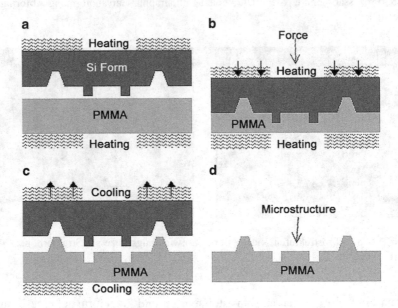

Abb. 10.8 Prozessablauf beim Heißprägen einer Polymethylmetacrylat(PMMA)-Mikrostruktur mittels einer Si-Prägeform

Nach dem Abkühlen, bei dem die Prägekraft weiterhin anliegt, unter die Glasübergangstemperatur, werden Kunststoffstruktur und Form zum Entformen getrennt (Abb. 10.8). Die Zykluszeit (Aufheizen → Prägen → Abkühlen) beträgt etwa 10 min.

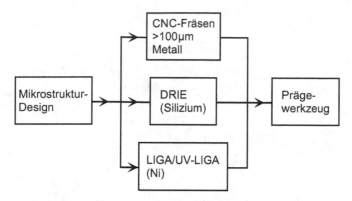

Abb. 10.9 Materialien und Verfahren für Herstellung der Prägeform

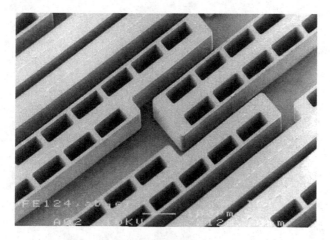

Abb. 10.10 Mit einer Lithographie-Galvanoformung-Abformung(LIGA)-Form durch Heißprägen hergestellte Polymethylmetacrylat(PMMA)-Mikrostruktur

Für die Herstellung der Prägeform werden unterschiedliche Materialien und Fertigungsverfahren eingesetzt (Abb. 10.9).

Eine durch Heißprägen mit einer LIGA-Form erzeugte PMMA-Mikrostruktur ist in Abb. 10.10 zu sehen.

Schichttechniken

Unter Schichttechniken werden die Dickschicht- und die Dünnschichttechnik verstanden ([21], [28, 29]). Sie basieren darauf, dass auf Trägerplättchen (Substrate) Leiterbahnen, Widerstands-, Dielektrikums- oder Isolierschichten durch Siebdrucken (Dickschichttechnik), Vakuumbedampfen oder Sputtern (Dünnschichttechnik) erzeugt werden, um Schaltungs- oder Sensorstrukturen zu realisieren. Werden zusätzlich aktive und/ oder passive Bauelemente (z. B. Chip-Kondensatoren, Chip-Widerstände, Dioden, Transistoren, IC) aufgebracht, so spricht man bei den entstehenden Schaltungen von Hybridschaltungen (Abb. 11.1 und Abb. 11.2).

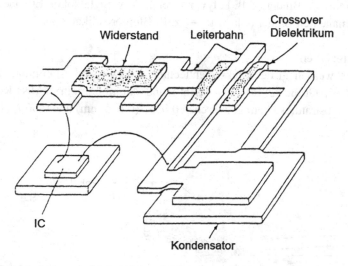

Abb. 11.1 Hybridschaltung in Dickschichttechnik (schematisch)

H. D. Ngo, *Technologien der Mikrosysteme,* https://doi.org/10.1007/978-3-658-37498-3_11

Abb. 11.2 Photo
eines Silizium-
Beschleunigungssensors mit
Dickschichthybridschaltung
(Fa. Bosch)

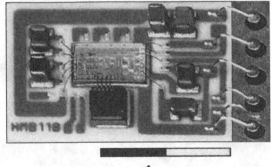

1 cm

11.1 Dickschichttechnik

Mittels Siebdruckverfahren und spezieller Dickschichtpasten werden Leiterbahnen, Widerstände, Dielektrika oder Isolierschichten auf isolierende Substrate aufgebracht (Abb. 11.3). Die so entstandenen, etwa 5–20 µm dicken Schichten werden anschließend getrocknet und bei Temperaturen bis etwa 900 °C eingebrannt.

Unabhängig von ihrer elektrischen Funktion enthalten alle Pasten vier wesentliche Bestandteile:

- ein funktionelles Material (z. B. Metall- oder Metalloxidpartikel),
- ein Lösungs- oder Verdünnungsmittel (z. B. Kiefernöl, Terpineol),
- einen temporären Binder (z. B. Polyvinylacetat, Polyvinylalkohol, Ethylacetat) und
- einen permanenten Binder (Glasfritte → z. B. Bleiborosilikatglas).

Substratmaterialien

Als Substrate werden in der Dickschichttechnik überwiegend Aluminiumoxid(Al_2O_3)-Keramik (96 %, Größe: 2"×2" bis 4"×6") und Aluminiumnitrid(AlN)-Keramik verwendet. Die Substratdicke beträgt zwischen 0,025" (0,635 mm) und 0,060" (1,524 mm).

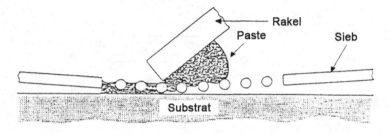

Abb. 11.3 Herstellung von Dickschichtstrukturen durch Siebdrucken (schematisch)

Im Bereich der Mehrlagenschaltungen gelangen bei niedrigen Temperaturen sinternde Keramikfolien (LTCC → Low Temperature Cofired Ceramics) zum Einsatz.

Leiterbahnen

Leiterbahnen werden aus Au-, AuPt-, AuPd-, Ag-, AgPt-, AgPd- und Cu-Pasten hergestellt.

Anforderungen: hohe elektrische Leitfähigkeit, hohe Haftfestigkeit auf dem Substrat, hohe geometrische Auflösung, gute Bondbarkeit (mit Al- und Au-Draht), gute Lötbarkeit und niedrige Kosten

Widerstände

Widerstandspasten enthalten neben den üblichen Zusätzen Rutheniumdioxid (RuO_2), Bariumruthenat ($BaRuO_3$) und Wismutruthenat ($Bi_2Ru_2O_7$). Die Pasten sind mit Schichtwiderständen zwischen 1 Ω/ und 10^9 Ω/ (bei einer Dicke von 1 mil → etwa 25 μm) verfügbar.

Dielektrika

Dielektrische Pasten finden Anwendung als Isolierschicht bei Leiterbahnkreuzungen („crossover insulators"), als Dielektrika bei Dickfilmkondensatoren und als Schutzschicht („encapsulation glaze"), um die Widerstände und Kondensatoren vor Umwelteinflüssen zu schützen.

Dielektrische Pasten können in HDK- und NDK-Pasten unterschieden werden:

HDK-Pasten mit hoher relativer Permittivitätszahl ($1000 < \varepsilon_r$ 3000) enthalten $BaTiO_3$. Pasten mit TiO_2, Mg-, Zn- oder $CaTiO_3$ (NDK-Pasten) weisen eine niedrige relative Permittivitätszahl ($10 < \varepsilon_r < 150$) auf.

Polymerdickschichtpasten

Mit Polymerdickschichtpasten (PTF → Polymer Thick Films) können ebenfalls Leiterbahnen, Widerstände und dielektrische Schichten durch Siebdrucken auf Keramik- oder Kunststoffsubstraten hergestellt werden. Die Pasten bestehen aus einem Polymer, einem funktionalem Material und einem Lösungsmittel. Ein herausragender Vorteil dieser Pasten ist, dass sie bei relativ niedrigeren Temperaturen (120–165 °C) ausgehärtet werden können.

Für die Herstellung von Sensoren stehen spezielle Widerstandspasten für Dehnungsmesswiderstände, Heißleiter und Temperaturmesswiderstände (Pt-Widerstände) zur Verfügung.

Die einzelnen Arbeitsgänge bei der Herstellung von Schaltungen oder Sensoren in Dickschichttechnik sind in Abb. 11.4 dargestellt.

Abb. 11.4 Prinzipielle
Prozessschritte bei der
Dickschichttechnik

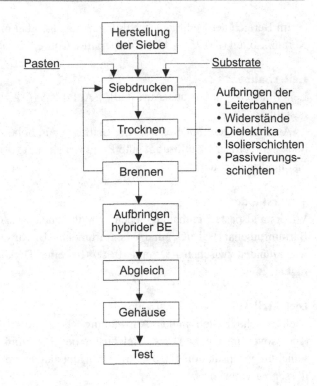

11.2 Dünnschichttechnik

In der Dünnschichttechnik werden auf isolierende Substrate dünne Schichten (Dicke: 20 nm–2 µm) durch Vakuumbedampfen (Abschn. 5.1.4.1) oder Sputtern (Abschn. 5.1.4.2) abgeschieden. Meist handelt es sich dabei um Schichtsysteme, die Haft-, Barriere-, Deck-, Isolier- und Passivierungsschichten einschließen können. Die Strukturierung der Schichten bzw. Schichtsysteme kann durch Lochmasken, Lift-off-Technik oder durch selektive Photoätzprozesse[1] (Abb. 11.5) vorgenommen werden. Auf diese Weise lassen sich Leiterbahnen, Widerstände, Spulen, Kondensatoren und Kontakte herstellen.

Schichtmaterialien
Als Schichtmaterialien finden reine Metalle, Legierungen, Dielektrika, Isolatoren und Metallhalbleiteroxide Anwendung.

Substratmaterialien
Aluminiumoxid- (99,6 %), Aluminiumnitrid-, Berylliumoxidkeramik, Glassubstrate.

---

[1] Photolithographische- und Ätzprozesse

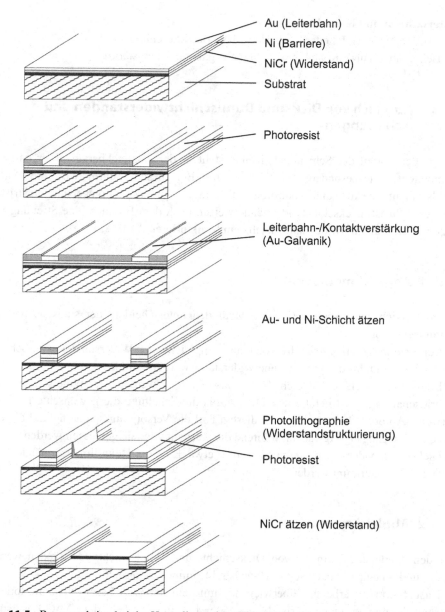

Au (Leiterbahn)
Ni (Barriere)
NiCr (Widerstand)
Substrat

Photoresist

Leiterbahn-/Kontaktverstärkung
(Au-Galvanik)

Au- und Ni-Schicht ätzen

Photolithographie
(Widerstandstrukturierung)

Photoresist

NiCr ätzen (Widerstand)

Abb. 11.5 Prozessschritte bei der Herstellung eines NiCr-Dünnschichtwiderstands (schematisch)

Widerstände

NiCr, Ta_2N, TaN (reaktiv gesputtert), CoCr, CrSi, Cr, Ni, Pt

Dielektrika, Isolierschichten

SiO (aufgedampft), SiO_2, T_2O_5

Leiterbahnen und Kontakte
Au (mit Ni, NiCr, Ti, Pd oder Pt als Haft- bzw. Barriereschicht)
Au-Leiterbahnen und -Kontakte werden meist galvanisch verstärkt.

11.3 Abgleich von Dick- und Dünnschichtwiderständen und -schaltungen

Ein großer Vorteil der Schichttechniken besteht in der Abgleichbarkeit ihrer passiven Komponenten, insbesondere der Widerstände. Bei diesem Schritt wird die Widerstandsschicht selektiv und kontrolliert abgetragen, bis der vorgegebene elektrische Wert erreicht ist. Dickschichtwiderstände weisen nach dem Brennen eine Streuung von $\pm$ 20 % auf, Dünnfilmwiderstände nach dem Strukturieren $\pm$ 10 %.

11.3.1 Abgleichmethoden

Es lassen sich zwei Abgleich(Trimm)-Methoden unterscheiden: der statische und der dynamische Abgleich.

Beim *statischen Abgleich* wird von dem abzugleichenden Widerstand so viel Schichtmaterial entfernt, bis der vorgegebene Widerstandswert erreicht ist.

Beim dynamischen Abgleich *(Funktionsabgleich)* werden die Widerstände einer Hybridschaltung meist iterativ abgeglichen, bis die Schaltung die gewünschte Funktion aufweist. An der Schaltung liegen in diesem Fall die Versorgungsspannung und die entsprechenden Eingangssignale an, während die Ausgangssignale gemessen werden.

Dickschichtwiderstände können auf etwa $\pm$ 1 %, Dünnfilmwiderstände auf etwa $\pm$ 0,1 % getrimmt werden.

11.3.2 Abgleichsysteme

Für den Abgleich (Trimmen) von Dickschicht- und Dünnschichtwiderständen werden Laser- und – heute nur noch selten – Sandstrahltrimmer eingesetzt.

Lasertrimmer arbeiten überwiegend mit einem YAG-Laser (Neodym-dotierter Yttrium-Aluminium-Granat-Kristall $\rightarrow$ $\lambda = 1{,}06$ µm). Weil der YAG-Laserstrahl nicht sichtbar ist, besitzen diese Systeme in der Regel zusätzlich einen HeNe-Laser ($\lambda \approx 633$ nm) für die Positionierung des YAG-Laserstrahls.

Typische Fokusdurchmesser des Laserstrahls:

- Dickschichttechnik: etwa 30–50 µm
- Dünnschichttechnik: etwa 10–30 µm

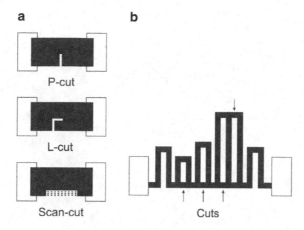

Abb. 11.6 Lasertrimmschritte. **a** Analoger Abgleich; **b** digitaler Abgleich

Typische Trimmschritte für den analogen und digitalen Abgleich, wie sie beim Lasertrimmen Anwendung finden, sind in Abb. 11.6 zu sehen.

Sandstrahltrimmer verwenden für den Abtrag des Widerstandsmaterials einen
dünnen Hochdrucksandstrahl mit einem Durchmesser von < 0,3 mm. Das Verfahren ist
erheblich langsamer als Lasertrimmen, liefert aber stabilere Widerstände, weil keine
lokale Erhitzung und damit kein thermischer Stress oder Mikrorisse in den Widerständen
auftreten.

11.4 Vergleich der verschiedenen Mikrosystemtechnologien

In Tab. 11.1 werden die wesentlichen Eigenschaften der Si-Technologie und der Schichttechniken vergleichend zusammengefasst.

Tab. 11.1 Gegenüberstellung von Si-Technologie, Dickschicht- und Dünnschichttechnik

	Si-Technologie	Dickschichttechnik	Dünnschichttechnik
Designflexibilität	Niedrig	Hoch	Mittel
Widerstände: • maximaler Schichtwiderstand • TKR • Streuung	Hoch Hoch Hoch	Hoch Niedrig Niedrig	Niedrig Sehr niedrig Sehr niedrig
Minimale Strukturgröße	Sehr klein	Mittel	Klein
Integrationsdichte	Sehr hoch	Mittel	Mittel
Zuverlässigkeit	Sehr hoch	Hoch	Hoch
Kosten: • Geringe Stückzahlen • Hohe Stückzahlen	Nicht praktikabel Sehr niedrig	Mittel Mittel	Hoch Mittel
Equipment/Reinraumkosten	Sehr hoch	Niedrig	Mittel

Metal-Oxide-Semiconductor- und Bipolarprozesse

12

12.1 Metal-Oxide-Semiconductor-Technologie

Die MOS-Technologie ist die dominierte Technologie der heutigen Halbleiterindustrie [6], [14]. Herausragende Merkmale dieser Technologie sind hohe Packungsdichte, geringe Verlustleistung und niedrige Prozesskomplexität. Sie umfasst Einkanaltechnologien (NMOS und PMOS) und die CMOS-Technologie. Die Einkanaltechnologien können in Aluminium-Gate-Technologie und Polysilizium-Gate-Technologie[1] unterschieden werden. Die Aluminium-Gate-Technologie zeichnet sich insbesondere durch ihren einfachen Prozessablauf aus, während die Polysilizium-Gate-Technologie den entscheidenden Vorteil einer Selbstjustierung der Gate-Elektrode zu den Source-/Drain-Gebieten bietet [14].

12.1.1 NMOS-Prozess

In Abb. 12.1 ist der schematische Schnitt durch einen NMOS-Transistor (LOCOS[Local Oxidation of Silicon]-Technik) mit Polysilizium-Gate-Elektrode ohne Metallisierung und ohne Passivierung zu sehen. Die wichtigsten Prozessschritte zur Herstellung des Transistors sind in Abb. 12.2 zusammenfassend dargestellt.

---

[1] Findet kaum noch Anwendung.

H. D. Ngo, *Technologien der Mikrosysteme*, https://doi.org/10.1007/978-3-658-37498-3_12

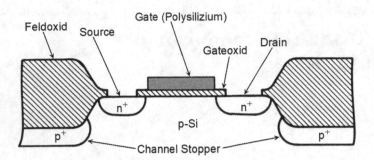

Abb. 12.1 Schematischer Querschnitt eines NMOS-Transistors mit Polysilizium-Gate-Elektrode (ohne Metallisierung und ohne Passivierung)

12.1.2 CMOS-Technologie

Innerhalb der MOS-Technologien kommt heute der CMOS-Technologie die größte Bedeutung zu. Damit lässt sich sowohl im statischen als auch im dynamischen Betrieb eine sehr geringe Leistungsaufnahme erreichen. Die Abb. 12.3 zeigt den Querschnitt eines CMOS-Elements (ohne Metallisierung und ohne Passivierung), das aus einem NMOS- und einem PMOS-Transistor besteht.

Die gegenüber dem NMOS-Prozess zusätzlich notwendigen Prozessschritte sind in Abb. 12.4 dargestellt.

12.2   Bipolartechnologie

Die Bipolartechnologie weist eine Anzahl typischer Merkmale auf:

- Die Dotierung geschieht in der Regel durch Diffusion anstelle von Ionenimplantation,
- Verwendung von Epitaxieschichten,
- Isolationsdiffusion zur Isolation der einzelnen Transistoren,
- Vergleichsweise hohe Prozesskomplexität,
- Geringe Packungsdichte,
- Kondensatoren werden mittels Sperrschichtkapazitäten realisiert.

Bipolartransistoren weisen gegenüber MOS-Transistoren eine höhere Schaltgeschwindigkeit (GHz-Bereich) auf. Allerdings ist der Flächenbedarf – zumindest bei der Standard-Buried-Collector(SBC)-Technik – im Vergleich zu MOS-Bauelementen sehr hoch.

In Abb. 12.5 sind die wesentlichen Prozessschritte der SBC-Technik dargestellt.

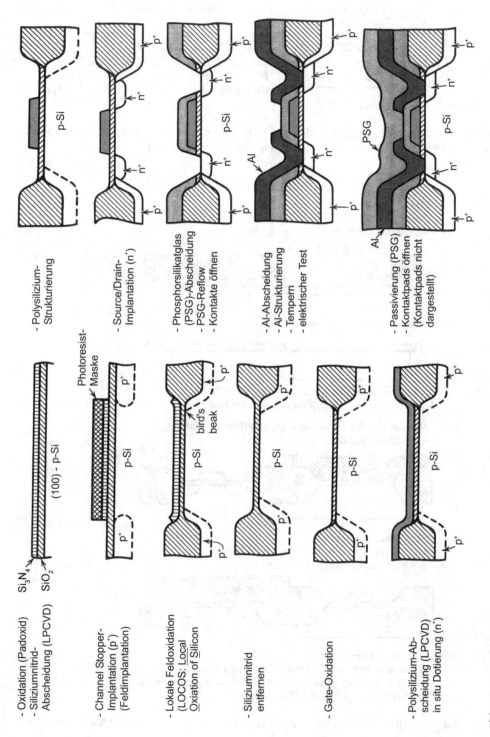

Abb. 12.2 Prozessschritte bei der Herstellung eines NMOS-Transistors mit Polysilizium-Gate-Elektrode (LOCOS-Prozess)

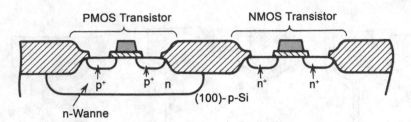

Abb. 12.3 Schematischer Querschnitt eines CMOS-Bauelements, bestehend aus einem NMOS-
und einem PMOS-Transistor (ohne Metallisierung und ohne Passivierung)

- Oxidation
- Strukturierung der Oxidschicht
- Wannen-Implantation (n)

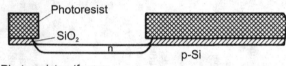

- Photoresist entfernen
- Wannen-Diffusion (drive in)

(Lokale Feldoxidation (LOCOS), Gate-Oxidation, Polysilizium-
Abscheidung und -Strukturierung wie bei NMOS-Prozess in Abb. 12.2)

- Maskierung des n-Wannenbereichs (Photoresist)
- n-Kanal Source/Drain-Implantation (n$^+$)

- Photoresist entfernen
- Maskierung des n-Kanal-Bereichs (Photoresist)
- p-Kanal Source/Drain-Implantation (p$^+$)

- Photoresist entfernen
- (PSG-Abscheidung, Reflow, Öffnen der Kontakte,
  Al-Metallisierung, Strukturierung, Passivierung, Öffnen der
  Kontaktpads wie bei NMOS-Prozess in Abb. 12.2)

Abb. 12.4 Zusätzliche Prozessschritte beim CMOS-Prozess gegenüber dem NMOS-Prozess

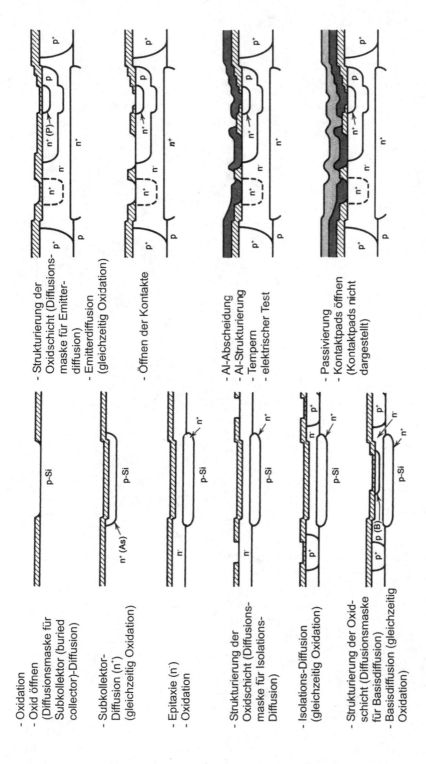

Abb. 12.5   Schematischer Prozessablauf der Standard-Buried-Collector-Technik bei der Herstellung eines Bipolartransistors

Literatur

1. Sze SM, Lee MK (2016) Semiconductor devices. Wiley, New York. ISBN 978–0470–53794–7
2. Pierret RF (1996) Semiconductor fundamentals, Bd 1. Addison-Wesley, Boston. ISBN 0–201–12295–2
3. Jaeger RC (1993) Introduction to microelectronic fabrication Bd V. Addison-Wesley, Boston. ISBN 0–201–14695–9
4. Lindner H (1979) Grundriß der Festkörperphysik. Viewegs Fachbücher der Technik, Berlin. N3528040866. ISBN 3–528–04086–6
5. Wolf S, Tauber RN (2000) "Silicon processing" for the VLSI Era, Bd 1 – Process Technology. Lattice Press, Sunset Beach, California. ISBN 9780961672164
6. Tränkler HR, Obermeier E (1998) Sensortechnik – Handbuch für Praxis und Wissenschaft. Springer, Berlin. ISBN 978–3540586401
7. Menz W, Mohr J, Paul O (2005) Mikrosystemtechnik für Ingenieure. WILEY-VCH, Weinheim. ISBN 3–527–29405–8
8. Cheng KY (2020) III-V Compound semiconductors and devices. Springer Nature Switzerland AG, Cham. ISBN 978–3–030–51901–8
9. Friedrichs P, Kimoto T, Ley L, Pensl G (2009) Silicon carbide, Bd 1&2. Wiley-VCH, Weinheim. ISBN 978–3–527–40997–6
10. Wijesundrara MBJ (2011) Silicon carbide microsystems for harsh environments. Springer Science+Business Media, LLC, Berlin. ISBN 978–1–4419–71221–0
11. Campbell SA (2001) The science and engineering of microelectronic fabrication. Oxford University Press, Oxford. ISBN 978–0195136050
12. W. Scot Ruska W (1987) Microelectronic processing. McGraw-Hill, New York City. ISBN 9780070542808
13. Morgan DV, Board K (1990) An introduction to semiconductor microtechnology. Wiley, New York. ISBN 978–0471924784
14. Hilleringmann U (1995) Mikrosystemtechnik auf Silizium. B. G. Teubner, Stuttgart. ISBN 10: 3519061589
15. Schumicki G, Seegebrecht P (1991) Prozeßtechnologie. Springer, Berlin. ISBN: 978–3–662–09540–9
16. Ristic L (1994) Sensor technology and devices. Artech House, Boston. ISBN 9780890065327
17. Balk P (1988) The Si-SiO$_2$ System. Elsevier, Amsterdam. ISBN 978–0444426031

© Der/die Herausgeber bzw. der/die Autor(en), exklusiv lizenziert an Springer Fachmedien Wiesbaden GmbH, ein Teil von Springer Nature 2022
H. D. Ngo, *Technologien der Mikrosysteme*, https://doi.org/10.1007/978-3-658-37498-3

18. Tong Q-Y, Gösele U (1998) Semiconductor Wafer Bonding. Wiley, New York. ISBN 978–0–471–57481–1
19. Harman G (1997) Wire Bonding in Microelectronics Materials, Processes, Reliability and Yield. McGraw-Hill, New York City. ISBN 978-0070326194
20. Senturia SD (2001) Microsystem design. Kluwer Academic Publishers, New York. ISBN 978–0–306–47601–3
21. Gad-el-Hak M (2001) The MEMS handbook. CRC Press, Boca Raton. ISBN 978–0–8493–0077–6
22. Sze SM (1988) VLSI Technology. McGraw-Hill Book, New York City. ISBN 978–0070627352
23. Chang CY, Sze SM (1996) ULSI Technology. McGraw-Hill Book, New York City. ISBN 978–0071141055
24. Whyte W (2000) Clean room design. Wiley, New York. ISBN 978–0471942047
25. Whyte W (2010) Clean room technology. Wiley, New York. ISBN 978–0–470–74806–0
26. Gail L (2018) Reinraumtechnik. Springer Vieweg, Wiesbaden. ISBN 978–3–662–54914–8
27. Reinhard KA (2008) Handbook of silicon wafer cleaning technology. William Andrew, Norwich. ISBN 978-0-8155-1554-8
29. Lau JH (2009) Advanced MEMS packaging. Mc Graw Hill, New York City. ISBN 978–0071626231
30. Reichl H (1988) Hybrid-integration. Hüthig Verlag Heidelberg, Heidelberg. ISBN 978377-8512753

Printed in the United States
by Baker & Taylor Publisher Services